Die Fälschung des Realismus

Norbert Hermann Hinterberger

Die Fälschung des Realismus

Kritik des Antirealismus in Philosophie und theoretischer Physik

Norbert Hermann Hinterberger
Hamburg
Deutschland

ISBN 978-3-662-49183-6   ISBN 978-3-662-49184-3 (eBook)
DOI 10.1007/978-3-662-49184-3

Die Deutsche Nationalbibliothek verzeichnet diese Publikation in der Deutschen Nationalbibliografie; detaillierte bibliografische Daten sind im Internet über http://dnb.d-nb.de abrufbar.

Springer Spektrum
© Springer-Verlag Berlin Heidelberg 2016
Das Werk einschließlich aller seiner Teile ist urheberrechtlich geschützt. Jede Verwertung, die nicht ausdrücklich vom Urheberrechtsgesetz zugelassen ist, bedarf der vorherigen Zustimmung des Verlags. Das gilt insbesondere für Vervielfältigungen, Bearbeitungen, Übersetzungen, Mikroverfilmungen und die Einspeicherung und Verarbeitung in elektronischen Systemen.
Die Wiedergabe von Gebrauchsnamen, Handelsnamen, Warenbezeichnungen usw. in diesem Werk berechtigt auch ohne besondere Kennzeichnung nicht zu der Annahme, dass solche Namen im Sinne der Warenzeichen- und Markenschutz-Gesetzgebung als frei zu betrachten wären und daher von jedermann benutzt werden dürften.
Der Verlag, die Autoren und die Herausgeber gehen davon aus, dass die Angaben und Informationen in diesem Werk zum Zeitpunkt der Veröffentlichung vollständig und korrekt sind. Weder der Verlag noch die Autoren oder die Herausgeber übernehmen, ausdrücklich oder implizit, Gewähr für den Inhalt des Werkes, etwaige Fehler oder Äußerungen.

Planung: Dr. Andreas Rüdinger

Springer-Verlag Berlin Heidelberg ist Teil der Fachverlagsgruppe Springer Science+Business Media
(www.springer.com)

Inhalt

1 Einführung 1
  1.1 Verschiedene Interpretationen von Naturalismus 4
      1.1.1 Realistischer Naturalismus 7
      1.1.2 Das Missverständnis des pankritischen
            Rationalismus 8

2 Im Reich des mathematischen Realismus und Strukturalismus 17
  2.1 Kanitscheiders mathematischer Realismus und
     Max Tegmarks logisch mögliche Welten 17
      2.1.1 Der uneingestandene Dualismus.......... 27
      2.1.2 Kanitscheiders Klassen.................. 34
      2.1.3 Bojowalds kosmologische Implikationen... 46
  2.2 Die Ansprüche, die auf den Naturalismus
     erhoben wurden 56
      2.2.1 Die Strukturaddition zum rein
            empiristischen Antirealismus 71
      2.2.2 Neue Kontinuitätsideen 85
      2.2.3 Der so genannte Strukturenrealismus 95

3 Die Gründe für den Rückzug auf den Strukturalismus 101
  3.1 Thomas S. Kuhns psychologistischer Relativismus 101
  3.2 Anderssons Kritik am psychologistischen
     Relativismus 111
      3.2.1 Lee Smolins Rezeption von Feyerabend
            und Kuhn............................ 114

4 Der Mythos vom Rahmen ... 121
4.1 Unterschiedliche Typen von Falsifikationen ... 121
4.2 Lakatos' Prüfsatz-Konventionalismus ... 140

5 Kritik und Erkenntnisfortschritt ... 151
5.1 Die Kritik von John Watkins an Kuhns geschichtlichem Relativismus ... 151

6 Im Universum von Kausalität und Zeit ... 161
6.1 Fluss der Zeit und emergenter Raum ... 161
6.2 Kritischer Realismus versus Strukturenrealismus ... 163

7 Kosmologie der Zeit ... 175
7.1 Zyklische Modelle versus Inflationsmodelle ... 175
7.2 Julian Barbours Ende der Zeit ... 178

8 Lee Smolins Wiederbelebung der Zeit ... 189
8.1 Smolins Variante des Relationalismus ... 189
8.2 In der Zeit ... 207

Sachverzeichnis ... 223

1
Einführung

Es ist in den letzten Jahrzehnten sowohl in der Philosophie als auch in der Physik eine überraschende Rückkehr des rationalistischen Idealismus und auch des empiristischen Pragmatismus zu beobachten. Es werden inzwischen allerdings andere Namen für diese Positionen verwendet. Man sollte meinen, die Wende vom Positivismus und vom orthodoxen Rationalismus zum kritischen Realismus sei mit Karl R. Poppers Philosophie und seiner *kritisch rationalen* Kritik am rationalistischen Konventionalismus, am Konstruktivismus und am Logischen Empirismus in eine gewisse Nachhaltigkeit übergegangen. Aber weit gefehlt.

Selbst der *neuere Naturalismus* ist nicht wirklich frei von Antirealismus angetreten – der ältere, der über den Logischen Empirismus transportiert wurde, war ja ohnedies explizit antirealistisch. Der *methodologische* Naturalismus von Willard van Orman Quine ist hier wohl der bekannteste.

In den neueren Varianten des Antirealismus wird nun allerdings der Ehrgeiz entwickelt, möglichst realistisch zu *erscheinen*. Das ist relativ neu. Früher waren die „Formalisten der Philosophie" stolz auf ihren Antirealismus und haben sich auch selbst als Antirealisten bezeichnet. Sowohl die Pragmatisten des Logischen Empirismus als auch (in den folgenden Generationen) die Strukturalisten, die zum Empirismus einfach nur eine rationalistisch-formalistische Komponente addierten, um „empirische Unterbestimmtheit zu vermeiden". Letztere hatten deshalb weder Probleme mit dem Ideismus der Empiristen noch mit dem Idealismus der orthodoxen Rationalisten, solange beide als Gesamtpaket nur irgendwie *formalistisch* zu gestalten waren – und zwar eben so, dass die physikalischen Aussagen beliebiger Theorien die Wirklichkeit nicht mehr direkt ansprechen konnten. Das ganze wurde – aufgrund seiner Beschränkung auf das Analytische – auch als „Wenn-dann-Ismus" bzw. „If-then-ism" bekannt. Heute wird die antirealistische Strategie eher verleugnet. Man bezeichnet sich als „wissenschaftlicher Realist", als „strukturaler Realist", als „mathematischer Realist" oder ähnlich. All diesen Positionen soll eine Zugehörigkeit zu einem *naturalistischen* Weltverständnis attestiert werden. Man räumt zwar gerne eine „Renaissance der Metaphysik" ein, auch ein Überwundensein des empiristisch-sprachphilosophischen Ansatzes, hält allerdings die analytische Philosophie ansonsten für unversehrt und behauptet: „Analytische Philosophie steht heute einfach für systematisches, argumentatives Philosophieren."[1] Eine analytische Aussage besagt in der metalogischen Diskussion allerdings gerade nicht, dass damit über die Wirklichkeit geredet wird, sondern „analytisch" ist bekanntlich einfach

---

[1] Michael Esfeld, *Naturphilosophie als Metaphysik der Natur*, Suhrkamp, 2008, S. 7.

nur ein anderes Wort für „tautologisch", also für triviale Gültigkeit. Alle unsere analytischen Aussagen sind logische Aussagen. Die sagen aber bekanntlich nichts über die Wirklichkeit. Von den Empiristen wurde allerdings dessen ungeachtet sehr gerne scheinbare Wirklichkeits-Relevanz durch in diesen Formalismus eingewobene „unmittelbare" *Beobachtungs-* oder *Basisaussagen* simuliert, von welchen aus man allerdings nur *induktiv* (also logisch unschlüssig) zu allgemeinen Aussagen gelangte. Man redete dann beim Übergang zum reinen Strukturalismus auch gern über Klassen von – dann allerdings auch nur *möglichen* – Dingen oder Eigenschaften. So – also rein formalistisch – ist das von den Logischen Empiristen und ihren frühen pragmatistischen Nachfolgern auch immer *gegen* den kritischen Rationalismus/Realismus Karl R. Poppers vorgetragen worden. Unsere Wirklichkeitsaussagen, auf die wir – aus realistischer Sicht – in keiner Praxis und natürlich auch in keiner Theorie verzichten können, sind indessen allesamt nicht trivial gültig, sondern im Gegenteil hoch-fallibel bzw. fehlbar. Man weiß also nicht, warum Michael Esfeld seine obige Einschätzung für gelungen hält. Wir kommen später noch auf diesen Philosophen zurück. Es ist natürlich bekannt, dass mit einer „analytischen" Argumentation *alltagssprachlich* nicht selten auch einfach nur eine rational stringente Argumentation zur Realität gemeint ist. Esfeld weiß als antirealistischer Philosoph allerdings, dass die gesamte analytische Philosophie (also Empirismus und Strukturalismus) das *vorsätzlich* anders handhabt, nämlich im Sinne der metalogischen Definition von analytisch, die ich hier gerade gegeben habe. In diesem Sinne war auch die gesamte analytische Philosophie (die Sprachphilosophie gehört dazu, weil sie sich in Definitionen, also ebenfalls in Tautologien erschöpft) antirealistisch und auch antirealistisch definiert (If-then-Ism). Da Esfeld hier aber den Versuch macht, dem antirealistischen Strukturalismus einen realistischen Anstrich zu geben, versteht man immerhin, *warum* er diese alternative (aber in der Philosophie nie praktizierte) realistische Definition des Analytischen zusätzlich ins Spiel bringen möchte.

1.1 Verschiedene Interpretationen von Naturalismus

Es gibt vermutlich nur wenige kritische Realisten unter den Naturalisten. Hans Albert und Gerhard Vollmer sind unter den bekannteren deutschen Philosophen jedenfalls die einzigen, die mir auf die Schnelle einfallen, wenn man nicht gleich bis zum 17. Jahrhundert zurückgehen will.[2] Und andere kritische Rationalisten/Realisten (wie Karl Popper, Alan Musgrave, John Watkins und Gunnar Andersson etwa) haben diesen Titel gar nicht verwendet. Die brauchten ihn auch nicht, denn bei ihnen wurde immer klar, dass sie von der materiellen Realität geredet haben. In der deutlichen Mehrzahl der Fälle scheint der Titel Naturalismus allerdings von Antirealisten okkupiert worden zu sein – und zwar so

---

[2] In diesen Anfängen gab es noch keinen Antirealismus im modernen Sinn. Man war also durchaus in einem materialistischen Sinn Realist und wollte die Materie und gewöhnlich auch nichts als die Materie beschreiben, in Abgrenzung vom Idealismus und insbesondere von der Religion. Dasselbe gilt natürlich auch für die antiken Philosophen – falls die nicht gerade explizite Idealisten waren, wie Platon etwa. Bei den alten Griechen war eine Position wie die Platons aber eben die Ausnahme, anders als dann später zur Zeit von Hegel & Co. in Deutschland.

ziemlich von Anfang an. Insbesondere wenn man sich die Philosophie der vorletzten Jahrhundertwende ansieht, denn der Begriff des *Evolutionären Naturalismus* ist schon im Umkreis der frühen pragmatistischen Philosophie von Charles Sanders , William James und Roy Wood Sellars diskutiert worden.³ Auch ein rein pragmatistisch interpretierter "kritischer Realismus" ist daselbst schon diskutiert worden, bevor Karl Popper diesen Titel für einen *echten* Realismus investiert hat. Für kritische Rationalisten/Realisten bestand aber eben auch nie Bedarf, den Titel Naturalismus zusätzlich einzuführen, denn letzterer wird durch ihren Ansatz (in allerdings eben *vollständig* realistischer Lesart) ohnedies impliziert.

Sellars hat 1916 ein Buch unter dem Titel *Critical Realism* veröffentlicht, 1922 folgte *Evolutionary Naturalism,* und 1932 veröffentlichte er *The Philosophy of Physical Realism*. Das hörte sich alles mächtig nach Realismus an, war aber erkenntnistheoretisch betrachtet einfach Pragmatismus bzw. Empirismus/Strukturalismus. Wir sehen also, *ganz* neu ist die Idee, den Antirealismus als Realismus auszugeben nicht – sie war allerdings sozusagen lange in der Versenkung verschwunden, denn im Wiener Kreis bzw. im Mach-Verein war davon ja überhaupt nicht mehr die Rede. Bei den neueren Antirealisten ist dieser simulierte Realismus aber inzwischen wieder um so mehr in Mode.

Es scheint für einen echten Realisten – also für jemanden, der echte Wirklichkeitsaussagen für möglich hält und auch

---

³ Sein Sohn, Wilfrid Sellars, ebenfalls Philosoph, hat den Naturalismus sogar in eine *rein* idealistische Position zurückgetrieben. Er hat die Existenz materieller Entitäten – wie sie Tische, Berge, oder Bäume darstellen – bestritten und sie auf reine Beschreibungsformen der Physik reduziert.

machen möchte – deshalb wohl durchaus empfehlenswert, ausdrücklich eigene Definitionen dieser Begriffe zu geben, wenn sein Ansatz nicht von den unauffällig pragmatistischen oder strukturalistischen Interpretationen, seien sie nun traditioneller oder neuerer Art, bis zur Unkenntlichkeit überlagert werden soll. Es genügt dabei nicht zu sagen, dass man an eine unabhängig von unseren Aussagen existierende Welt glaubt (das sagen auch moderne Strukturalisten und Operationalisten, ebenso wie schon Sellars), man muss darüber hinaus auch sagen, ob man *Aussagen mit direktem Bezug auf diese Wirklichkeit* machen möchte oder ob man seine Aussagen als reinen Formalismus verstehen will.

Sellars war eher Vertreter eines reinen Formalismus:

> The critical Realist endeavours to make a thorough analysis of the distinction between a thing and its qualities, or properties, in the light of the actual epistemological pressure within experience. While admitting and doing justice to the realistic meanings which make the category of thinghood, he is led to break with natural realism, on the one hand, and with psychological idealism on the other.[4]

Speziell diese Strategie, den angeblich naiven und *selbstverständlich* naturalistischen Realismus dadurch korrigieren zu wollen, dass man eine „Dingheit" einführt und sie trennt von den Eigenschaften (bzw. auch die primären, physikalischen Eigenschaften als von den Dingen abgeleitet betrachtet), werden wir später auch noch bei dem erklärten Materialisten Mario Bunge wieder finden (ganz so überraschend ist das allerdings nicht, denn Bunges Heimat war

---

[4] Roy Wood Sellars, *Evolutionary Naturalism*, 1927 (2012), S. 143.

ebenfalls der Logische Empirismus). Diese Strategie ist aber hier wie da logisch unschlüssig, denn ein Ding wird durch seine energetischen bzw. materiellen Eigenschaften konstituiert, nicht etwa von einer „Dingheit". Man wüsste ja gar nicht was das sein soll: ein Ding, getrennt von seinen physikalischen Eigenschaften. An einer solchen „wesensphilosophischen" Dingheit kann nichts Materielles sein. Das nicht zu sehen, kann man als ein typisches Residuum von Ideismus (des Empirismus) und Idealismus (des orthodoxen Rationalismus) betrachten. Schon die Vorsokratiker konnten ganz gut zwischen primären und sekundären Eigenschaften unterscheiden, also zwischen materieller Relevanz und Konstruktionen ohne Referenz auf Materie/Energie. Die oben erwähnten Autoren haben dagegen die *primären* Eigenschaften gleich mit-denunziert als bloß abgeleitet – sie haben sie also ebenfalls als bloße Konstruktionen sehen wollen, ungeachtet des somit *leeren* Dingbegriffs, der daraus folgt. Für erklärte Empiristen ist das offenbar nicht so schlimm, für erklärte Materialisten sollte das aber wohl als Super-Gau gelten dürfen.

1.1.1 Realistischer Naturalismus

Gerhard Vollmer betont demgegenüber, dass ein moderner Naturalismus als „Evolutionärer Naturalismus" aufgefasst werden sollte. Wir haben eben gesehen, dass dieser Begriff schon länger – und zwar antirealistisch – unterwegs ist. Vollmer definiert ihn allerdings durch seinen „Hypothetischen Realismus". Dieser Realismus ist im Sinne des Kritischen Rationalismus formuliert, also als ein echter kritischer Realismus ohne konventionalistische, instrumentalistische oder strukturalistische Anleihen. Vollmer versteht sich auch selbst als kritischer Rationalist. Im Zusammenhang der Frage, wie viel Metaphysik wir zulassen sollten (die an Ockhams Fragestellung angelehnt ist), schreibt er:

> Die naturalistische Antwort ist eindeutig: nur soviel Metaphysik wie *nötig* – nötig für die Forschung, für den Erkenntnisfortschritt, fürs Leben. Der Naturalist sucht also eine Art *Minimalmetaphysik*. Dazu gehört die Annahme einer bewusstseinsunabhängigen, strukturierten, zusammenhängenden Welt (…) und deren partielle Erkennbarkeit durch Wahrnehmung, Erfahrung und eine intersubjektive Wissenschaft (…) Diese Auffassung heißt auch ‚hypothetischer Realismus'.[5]

An anderer Stelle in diesem Text sagt er, dass wir „soviel Realismus wie möglich" einsetzen sollten, auch wenn der natürlich kritisch im Sinne von *hypothetisch* angelegt sein muss (damit ist er auch gleichzeitig als fallibilistisch gekennzeichnet). All das ist sicherlich richtig und stellt eine akzeptable *realistische* und rationale Interpretation des Naturalismus dar.

1.1.2 Das Missverständnis des pankritischen Rationalismus

Zum so genannten „Pankritischen Rationalismus" ist Vollmer allerdings, wie übrigens auch viele andere Autoren,

---

[5] *Forschungsgruppe Weltanschauungen in Deutschland*, Textarchiv TA-2003-13, „Geht es überall in der Welt mit rechten Dingen zu, Thesen und Bekenntnisse zum Naturalismus", (S. 4, pdf).

1 Einführung

die sich durchaus dem kritischen Rationalismus zugehörig fühlen, der Pseudokritik von William Warren Bartley auf den Leim gegangen. Man kann das leider nicht anders ausdrücken. Denn ein *konsequenter Fallibilismus*, wie er von Popper überall vertreten wurde, *impliziert* einen pankritischen Rationalismus ohnedies. Darauf hat auch schon Hans Albert hingewiesen. Vollmer schreibt:

> Fallibilismus ist kein Glaubensbekenntnis. Der Fallibilist ist bereit, na ja, sagen wir, sollte bereit sein, alle Behauptungen – und alle Bekenntnisse – der Kritik auszusetzen: den Naturalismus, den Realismus, den kritischen Rationalismus und eben auch dessen Grundbaustein, den Fallibilismus. Diese Position, die auch den kritischen Rationalismus noch als vorläufig und korrigierbar ansieht, nennt William Bartley *pankritischen Rationalismus*. Er ist konsequenter als Popper selbst. Weil ich solche Konsequenz schätze, bin ich pankritischer Rationalist.[6]

Das ist sicherlich alles richtig, bis auf den vorletzten Satz. Der ist falsch. Und mit dem Hinweis auf sein Buch[7] (in dem er einfach nur Bartleys Argumentationen übernimmt und offenbar für stimmig hält) wird es auch nicht besser, denn Bartley hat Popper einen fideistischen Dogmatismus zugeschrieben, den es bei letzterem nicht gibt. Popper hat immer einen *konsequenten* Fallibilismus vertreten, in dem keinerlei Kritik, also auch nicht die Selbstanwendung der Kritik auf den Fallibilismus ausgeschlossen ist. *Rein logisch* ist es zum Beispiel nicht ausgeschlossen, dass ein

---
[6] Gerhard Vollmer, Naturalismus, Textarchiv: TA-2003-13, (S. 16, pdf).
[7] Gerhard Vollmer, *Wissenschaftstheorie im Einsatz*, Hirzel, Stuttgart 1993, S. 6–8. Vollmer übernimmt hier einfach Bartleys Argumentation.

Dogmatismus richtig sein könnte. Man könnte auch die deduktive Logik selbst anzweifeln, dann könnte auch ein Irrationalismus richtig sein. Auf all das hatte Popper aber noch selbst hingewiesen. Bartley hat hier Poppers konsequenten Fallibilismus als dogmatisch dargestellt, unmittelbar darauf aber regelrecht *plagiiert* und *inhaltlich unverändert* mit eigener Überschrift („Pankritischer Rationalismus" bzw. „Comprehensively Critical Rationalism") angeboten. Ich habe Bartley in dieser Sache schon 1996 ausführlich kritisiert.[8] Im Zusammenhang seines „pankritischen" Ansatzes führt Bartley nämlich lauter Konsequenzen an, die von Popper selbst stammen, also (1), dass jede Rechtfertigung, welche auch immer, zugunsten kritischer Prüfung aufgegeben wird. (2) Die Rationalität findet sich nicht in Standards, sondern in der Kritik. (3) Kritische Rationalisten werden charakterisiert als Personen, die alle ihre Auffassungen, einschließlich ihrer eigenen Weltanschauung, einer Kritik offen halten (das hatte Bartley zuvor noch selbst als Poppers Position dargestellt).

Die Unmöglichkeit *auch* der Begründung der Logik[9] hatte Popper dazu geführt, *den Einstieg* in den kritischen

---

[8] (Norbert Hinterberger, *Der Kritische Rationalismus und seine antirealistischen Gegner*, Rodopi, Amsterdam – Atlanta, S. 280–293.)
[9] Das Münchhausentrilemma gilt auch hier. *Münchhausen-Trilemma*: entsteht bei logisch strengen Begründungsversuchen. Es endet unvermeidlich in einem infiniten Begründungsregress (denn ich kann zu jeder Begründung fragen, warum ich sie denn glauben soll) oder in einem Argument-Zirkel, oder in einem konventionellen Abbruch des Verfahrens – in keinem Fall erfolgt also eine Begründung. Auch der Versuch, etwa zu einer „Letztbegründung" zu gelangen, indem vorgeschlagen wird, alle einzelnen Begriffe eben jener genau zu definieren, führt seinerseits zu einem unendlichen Regress, nämlich nun in den Definitionen, denn ich muss ja für jede Definition einen neuen Satz oder wenigstens ein Prädikat aufbieten, in welchem seinerseits neue undefinierte Begriffe auftauchen usw. ad infinitum.

Rationalismus als einen irrationalen Entscheidungsschritt (bzw. Entschluss) zu klassifizieren. Und das ist auch plausibel, wenn man tautologische bzw. zirkuläre Argumentationen im Stil von „Ich entscheide mich für den Rationalismus, weil er rational ist" (oder dergleichen) vermeiden will. Viel wichtiger ist aber: Popper wollte hier klar machen, dass wir *ohne Begründung* in den kritischen Rationalismus einsteigen und das auch ohne Schwierigkeiten tun können, denn ein solcher Einstieg (nennen wir ihn „begründungsfrei" oder „irrational" oder „intuitiv") ist völlig unschädlich, weil die Pointe des konsequent fallibilistischen Falsifikationisten ohnedies in der *Überprüfung* liegt – der Einstieg also sein kann wie er mag, weil er ohnedies als fallibel betrachtet wird wie alle anderen falliblen Hypothesen (im Rahmen wissenschaftlicher Theorien etwa) auch. Und wir kennen nur fallible Hypothesen, siehe (1) und (2). Es verweist auf unverarbeitete Reste des Begründungsdenkens bei Bartley selbst, wenn er Schwierigkeiten hat, diese Argumentation zu verstehen.

Überdies versuchte Bartley Poppers Kriterium für Wissenschaftlichkeit, nämlich die *Falsifizierbarkeit* um ein seiner Meinung nach wohl noch revolutionäreres Kriterium zu erweitern. Er versuchte Rationalität durch *Kritisierbarkeit* zu definieren. Nun ist Falsifizierbarkeit im Sinne von bedingter Widerlegbarkeit bzw. von Überprüfbarkeit etwas ganz anderes als bloße Kritisierbarkeit. Kritisierbar sind auch nicht-rationale bzw. irrationale Überzeugungen und *die* sogar ganz besonders, also kann Kritisierbarkeit kein allgemeines Kriterium für Rationalität sein bzw. zur Definition letzterer dienen. Vollmer hat das wohl verstanden, findet dieses widersprüchliche Kriterium aber offenbar ganz in Ordnung:

> Wird Kritisierbarkeit zum Rationalitätskriterium erhoben, so ist alles Unkritisierbare irrational und eben darum kritisierbar! Folglich bleibt gar nichts Unkritisierbares mehr übrig, und dem pankritischen Rationalisten kann eigentlich auch nichts passieren. Er kann zwar kritisiert, aber nicht widerlegt werden. Je schärfer nämlich die Kritik, desto höher offenbar die Kritisierbarkeit, desto rationaler und erfolgreicher die Position des pankritischen Rationalisten. Statt seine Position aufzugeben, wird er sie im Kreuzfeuer der Kritik verfeinern, „läutern", und dadurch umso leichter vertretbar machen. Dieses Verfahren ist durchaus legitim; es entspricht ja gerade dem schon vom kritischen Rationalismus empfohlenen Verfahren, aus Fehlern zu lernen. Es erlaubt jedoch dem pankritischen Rationalisten, seine Position auch dann zu behalten, wenn echte kritische Einwände auftauchen. Folgen wir also Bartley darin, daß solche Einwände unwahrscheinlich seien, dann ist es offenbar *doppelt* unwahrscheinlich, daß jemals ein pankritischer Rationalist seine Position aufgrund von Argumenten räumen wird.[10]

Im Zusammenhang dieser merkwürdigen Deutung sollte man vielleicht wissen, dass es für Vollmer durchaus „kreative Zirkel" gibt, die er für unschädlich hält. Ich habe das schon anderenorts [1996] kritisiert (es handelt sich dabei einfach um unzulässige Verschmelzungen von Metaebenen,

---

[10] Gerhard Vollmer, *Wissenschaftstheorie im Einsatz*, Hirzel, 1990, S. 7.

strukturiert wie die berühmten Mengen-Antinomien)[11]. Um diese absurd selbstbezüglichen Schlüsse zu vermeiden, wie wir sie gleich im ersten Satz vor uns haben, müsste man das Irrationale eigentlich als unkritisierbar definiert lassen, denn kritisierbar ist doch laut Bartley nur Rationales. Man weiß also nicht, wie Vollmer hier zu seinem Schluss kommen will, wenn er in Bartleys Definitionen verbleibt – was er ja ansonsten wohl tun möchte. Es ist aber *natürlich richtig* zu sagen, dass gerade das Irrationale kritisierbar ist, nämlich schon von logischen und metalogischen Minimal-Standards aus – ganz im Gegensatz zu Bartleys Definition. Alles ist erkenntnistheoretisch kritisierbar, alles was falsch oder schluss-technisch ungültig ist eben – und natürlich auch alles, was angeblich wahr ist. Darüber hinaus kann man bekanntlich auch Falsifikationen kritisieren, indem man ihre in der Regel nur impliziten Prämissen explizit macht und die dann ihrerseits zu falsifizieren versucht. *Das ist konsequenter Fallibilismus*, der sich allerdings nicht mit Bartleys unschlüssigem Kritisierbarkeits-Kriterium verträgt. Die Kritisierbarkeit lässt sich eben nicht per Verordnung auf rationale Aussagen beschränken. Denn wir sehen ja, dass sich irrationale Aussagen ebenfalls kritisieren lassen, also notwendig kritisier*bar* sind. Damit ist, wie ja auch Vollmer ganz richtig bemerkt, „gar nichts Unkritisierbares mehr übrig." Sowohl Bartley als auch Vollmer scheint aber verschlossen, dass damit auch vom *ganzen Kritisierbarkeits-Kriterium*

---

[11] Davor hatte Tarski schon 1966 gewarnt: Alfred Tarski, *Einführung in die mathematische Logik*, Vandenhoek & Ruprecht, Göttingen, 1977, S. 245 ff. Hier klärt er über die Wichtigkeit der sorgfältigen Trennung metasprachlicher Stufen in Beweisen auf. Natürlich war diese Arbeit eine Reaktion auf die Krise in der naiven Mengenlehre. Also die Angabe einer Methode, wie man Mengen-Antinomien und auch andere Antinomien vermeidet.

nichts mehr übrig ist, bzw. dass es intern widersprüchlich ist und gewissermaßen extern eine Kritikimmunisierung sondergleichen involviert. Das ist beim kritischen Rationalismus bzw. beim Falsifikationismus aber natürlich weder vorgesehen noch durchführbar. Und obwohl Vollmer wenigstens einige dieser inakzeptablen Folgen im obigen Zitat selbst referiert, ist er davon anscheinend nicht beeindruckt.

Bartley schien, in Bezug auf den Einstieg in den Rationalismus, eine neutrale Handhabung der eigenen Glaubensüberzeugungen für möglich zu halten. Er hat sich über Zirkel-Argumente vermutlich wenig Gedanken gemacht. Vor allem aber hat er nicht verstanden, dass Rationalität bzw. Objektivität erst mit der *Überprüfung* bzw. mit der *unlimitiert kritischen Diskussion* beginnen kann, wenn man den Fehler der Begründungsphilosophie nicht stets aufs Neue wiederholen möchte bzw. nicht immer wieder im Münchhausentrilemma von Begründung, logischem Zirkel und konventionellem Abbruch des Verfahrens landen möchte.

Ob jeweilige ungeprüfte *Prämissen* von einem Fachmann oder von einem Schwachsinnigen formuliert werden, ist uninteressant (das wird von Begründungs-Philosophen einfach nicht verstanden), beide können kontingent Recht oder aber Unrecht haben. Für einen Fallibilisten ist deshalb erst die falsifikationistische Prüfungssituation oder, wenn die nicht zu haben ist (etwa in den Geisteswissenschaften), die kritische und unlimitierte Diskussion vor dem Hintergrund unserer am besten (durch viele Falsifikationsversuche) gestützten Theorien relevant – also letztlich unter Zurückführung auf Naturwissenschaften. Eine Prüfsituation ist ja wissenschaftlich ganz allgemein auch die Situation mit der man Obskurantisten aller Art zur Rede stellt. Es ist eben die Laborsituation der *reproduzierbaren Beobachtung*, ob nun im Feld oder beim Experiment.

Bartley schreibt aber:

Poppers Position ist nicht neutral. Vielmehr fordert er, daß der Rationalist seine Position auf einen irrationalen Glauben an die Vernunft gründen muß, er muss sich selbst an die Vernunft binden.[12]

Zusammen mit Poppers Charakterisierung der kritischen Rationalisten als Personen, die bereit sind prinzipiell *alles*, also auch ihre eigene Theorie in Frage zu stellen, ergeben sich für Bartley zwei Schwierigkeiten in Poppers Position:

Sie scheint widerspruchsvoll, da nicht klar ist, wie jemand eine Position kritisieren kann, an die er sich irrational gebunden hat. Und sie bietet überhaupt keine Lösung der Probleme der Grenzen der Rationalität an: ganz im Gegenteil, sie ist ausgesprochen fideistisch.[13]

Nun deutet Bartley (und das ist der ganze Kunstgriff des „Pankritikers", um hier einen Widerspruch zu konstruieren) Poppers irrationales „Binden" an die Vernunft unverständlicherweise als eine kritik-*immunisierte* Entscheidung. Wenn man es gutgläubig ausdrücken wollte, könnte man sagen: Ihm scheint „entfallen" zu sein, dass Popper einen *fallibilistischen* Falsifikationismus entwickelt hat und damit die Möglichkeit, nicht nur rationale, sondern auch irrationale,

---
[12] W. W. Bartley, „Rationalität", in *Handlexikon zur Wissenschaftstheorie*, München, Ehrenwirth, 1989, S. 285.
[13] Bartley in *HW*, 1989, S. 285.

pragmatische, relativistische oder konventionalistische Entscheidungen an ihren *Konsequenzen* kritisieren zu können. Anders kann man sie ja ohnedies nicht erfolgreich kritisieren – da Rationalität eben erst in der Überprüfung entstehen kann. Und in dieser Frage gibt es nicht einmal Unterschiede zwischen erkenntnistheoretischen Aussagen und methodologischen Anweisungen (die einen Spezialfall von Normen darstellen). Sie werden *alle* über ihre *Konsequenzen* kritisiert. Der konsequente Fallibilismus *impliziert* die Methode der *Überprüfung* und/oder der kritischen Diskussion *ohne Limit*.

Im Übrigen scheint Gerhard Vollmer auch ziemlich beeindruckt von Thomas S. Kuhns Geschichts-Psychologismus, wenn er von einem „Aha-Erlebnis" als „Gestaltwandel" oder vom „Paradigmenwechsel" in einer durchaus positiven Rezeption spricht. Auch Vollmer findet jedenfalls, ähnlich wie Kuhn und ganz im Gegensatz zum Fallibilismus, hinsichtlich des Verhaltens der Forscher: „Standpunkte ändern wir selten."[14] Man muss befürchten, dass Vollmer *induktiv* zu dieser Vorstellung gelangt ist. Thomas S. Kuhns geschichtswissenschaftlicher Relativismus (der dem fallibilistischen Falsifikationismus kontradiktorisch widerspricht) ist von mir schon [1996] ausführlich kritisiert worden. Er wird weiter unten – sozusagen aus aktuellem Anlass – aber auch noch einmal kurz behandelt, weil er in geradezu unverantwortlicher Weise immer neuen unschuldigen Philosophie- und auch Physik-Novizen aufgetischt wird und dabei jedes mal erheblichen erkenntnistheoretischen Schaden anrichtet. Gehen wir aber zunächst noch einmal zeitlich nach vorn zu den neueren Varianten des Strukturalismus.

---

[14] Gerhard Vollmer, *Wissenschaftstheorie im Einsatz*, Stuttgart, Hirzel, 1993, S. 3.

2
Im Reich des mathematischen Realismus und Strukturalismus

2.1 Kanitscheiders mathematischer Realismus und Max Tegmarks logisch mögliche Welten

Bernulf Kanitscheider präsentiert in seinem neuen Buch eine für meinen Geschmack überweite Definition von Naturalismus, in der auch Logische Empiristen und andere explizite Antirealisten als Naturalisten gelten sollen. Wir haben schon gesehen, dass es dafür in der Tat eine Tradition gibt.[1]

Ich werde in dieser Kritik zu zeigen versuchen, dass es sich in all diesen Fällen um erkenntnistheoretische Rückfälle hinter die *kritisch realistischen Positionen* des Kritischen Rationalismus Karl R. Poppers handelt.

---

[1] In seiner neuesten Schrift (*Gretchenfragen an den Naturalisten*, Alibri Verlag, 2013) entwickelt Gerhard Vollmer eine klar realistische Variante des Naturalisten. Allerdings scheint diese Variante von den Philosophen wesentlich seltener vertreten zu werden, als er es sich wohl wünscht. Es bleibt jedenfalls etwas unklar, ob er einfach nur methodologisch normativ für einen realistischen Naturalismus plädiert oder ob er glaubt, dass er weit verbreitet sei.

Auch bei Popper gab es einen Dualismus zwischen Geist und Materie, ja sogar einen Trialismus zwischen Psyche, Materie und Logischen Gehalten. Später hat Popper seine „Drei Welten" allerdings nur noch *methodologisch*, also *nicht mehr ontologisch* vorgetragen. Man konnte in der methodologischen Variante halt sehr bequem über bestimmte Quasi-Wechselwirkungen sprechen. Aber es handelte sich dabei nicht um das, was *in der Physik* als Wechselwirkung betrachtet wird.

Popper hatte aber auch schon sehr früh zu verstehen gegeben, dass sich ein „Identismus" in dieser Sache als richtig herausstellen könnte. Damit hat er einen *materiellen Monismus* gemeint. Genau der wird hier von mir vertreten – um *meinen* Ansatz gleich von Anfang an klar zu machen (ich vermisse das bei anderen Autoren häufig schmerzlich). In älterer Terminologie wird das auch als *Physikalismus* bezeichnet. Bisweilen wird diese Position auch (gewissermaßen denunziativ) als „schwacher Realismus" oder (mittelalterlich) als *Nominalismus* bezeichnet. Ich halte nach all dieser Begriffsverwirrung die Bezeichnung *materieller Realismus* für recht gut gewappnet gegen Ambivalenz. Das ist jedenfalls das, was ich als wirklich *kritischen* Realismus bezeichnen würde, egal wie hypothetisch der letztlich vorgetragen werden muss. Dass alle meine Argumentationen hier hypothetisch vorgetragen werden, sollte sich für einen kritischen Rationalisten bzw. für einen konsequent fallibilistischen Falsifikationisten aber vielleicht von selbst verstehen.

Insbesondere der so genannte „mathematische Realismus" ist eine stark idealistische Position, die mindestens für einen neuen ontologischen Dualismus steht. Der theoretische Physiker Max Tegmark[2] geht z. B. davon aus, dass alle *logisch* möglichen (also alle widerspruchsfrei *denkbaren*) Welten auch irgendwo realisiert sein müssten (er begründet das wahrscheinlichkeitstheoretisch – von unklaren Unendlichkeits-Vorstellungen aus). Wir erinnern uns: physikalische Welten sind notwendig auch logisch möglich, der Umkehrschluss gilt nicht, also eine metalogische Äquivalenz ist in dieser Sache nicht zu haben. Als echter Platoniker betrachtet er Logik und Mathematik als dasselbe und versucht überdies die existentielle Gleichberechtigung ihrer Objekte neben der Materie zu etablieren. Er versucht in diesem Zusammenhang die „Vielen Welten" von Hugh Everett bzw. die „Wellenverzweigungen" von Heinz Dieter Zeh nicht nur mit materiellen, sondern auch mit logischen und mathematischen Objekten zu bevölkern. In Everetts und Zehs Interpretation dieser kausal unverbundenen Verzweigungen von „Geschichten", wie das auch häufig genannt wird, geht es „nur" um *physikalisch* hypothetische Welten (also – verglichen mit logisch möglichen Welten[3] – um eine unendliche Menge mit sehr viel geringerer Mächtigkeit), die jeweils, nach einer entsprechenden Wechselwirkung, über eine Wellenverzweigung *verwirklicht* sein sollen. Die vielen Welten werden – anders als etwa das Multiversum der Stringtheoretiker – als Parallelwelten innerhalb ein und desselben Universums verstanden. Die klassische Wahrnehmung wird hier als subjektiv aufgefasst. Die „Wellenverzweigungen"

---

[2] Max Tegmark, „Parallel-Universen", Spektrum der Wissenschaft, 4/2001, S. 68 ff.
[3] Man muss sich klar machen, dass in logisch möglichen Welten alles existiert, was keinen Widerspruch verursacht. Das heißt, es spielt keine Rolle, ob es physikalisch vernünftig scheint, was auch immer als existent anzunehmen, oder ob es von vorn herein nur ideeller Natur ist.

(die aufgrund *jeder* Wechselwirkung auf Quantenebene auftreten, anstatt in einen „Kollaps" zu münden wie bei der „Kopenhagener Interpretation") beschreiben *eben das* und nicht einfach nur Denkmöglichkeiten. Everett und Zeh sind denn auch als Realisten ohne mathematischen Platonismus angetreten. Es gibt zur Everett-Position übrigens eine sehr schöne Sammlung von „Everett-FAQ's" im Web. Der Autor, *Michael Clive* Price, schreibt da ganz richtig, dass jede Wechselwirkung (wozu auch die Messungen gehören) eine Dekomposition oder Dekohärenz der universellen Wellenfunktion verursacht, was wiederum zu nicht-interagierenden und meistens nicht-interferierenden Verzweigungen führt. Die Geschichten bilden einen verzweigten Baum, der alle möglichen Ergebnisse jeder Interaktion umfasst. Jedes *historische* „Was-Wenn", das kompatibel mit den Anfangsbedingungen ist und den Naturgesetzen nicht widerspricht, wird dann als realisiert betrachtet.[4] Hier werden also bei genauerem Hinsehen „nur" Wellenverzweigungen zugelassen, die aus den jeweils vorausgesetzten Anfangsbedingungen folgen können. Das betrifft also nicht einmal *alle* physikalisch möglichen, geschweige denn alle *logisch* möglichen Welten. Davon abgesehen scheinen aber auch diese „reduzierten" Welten noch recht üppig und sollen hoffentlich nicht als das letzte Wort der Dekohärenz-Theoretiker betrachtet werden. Nun dealt Tegmark aber nicht nur mit diesen Welten, sondern auch mit den enormen Mengen

---

[4] Es wird angenommen: „that each measurement causes a decomposition or decoherence of the universal wave function into non-interacting and mostly non- interfering branches, histories or worlds. The histories form a branching tree which encompasses all the possible outcomes of each interaction. Every historical what-if compatible with the initial conditions and physical law is realised." *www.hedweb.com/everett/mikeprice.htm.*

2 Im Reich des mathematischen Realismus ...

von Universen der Stringtheoretiker und *zusätzlich* eben auch mit seinen mathematisch-logischen Denkmöglichkeiten, die ja ebenfalls ontologisch vorhanden sein sollen.

Für Tegmark existieren logisch-mathematische Objekte darüber hinaus offenbar nicht nur gleichberechtigt, sondern sogar *vor* aller Materie/Energie. Sein so genanntes Ebene-I-Multiversum der Materie hört sich dabei noch halbwegs realistisch an, er findet es sogar *trivial*:

> Das Ebene-I-Multiversum mutet eher trivial an. Wie könnte der Raum nicht unendlich sein? Steht irgendwo ein Schild: ‚Achtung, Raum endet hier'? Falls dem so wäre, was läge dahinter? Tatsächlich stellt Einsteins Gravitationstheorie diese naive Ansicht in Frage. Ein konvex gekrümmter Raum könnte durchaus endlich sein. Ein kugel- ring- oder brezelförmiges Universum hätte ein endliches Volumen und wäre doch unbegrenzt. Die kosmische Hintergrundstrahlung erlaubt empfindliche Tests solcher Modelle. Doch bislang sprechen alle Indizien dagegen.[5] Die Daten passen viel besser zu unendlichen Modellen.[6]

Welche Daten das sein sollen, sagt er nicht. Zu einem unendlichen Multiversum und genaugenommen schon zu einem einzelnen räumlich unendlichen Universum kann man wahrscheinlichkeitstheoretisch argumentieren, dass sich alles irgendwo wiederholen muss – jedenfalls wenn man nicht von „energiefreien" Universen ausgeht und wenn man Wahrscheinlichkeiten als echte Propensitäten

---

[5] „Ist der Raum endlich?" Jean-Pierre Luminet, Glenn D. Starkman und Jeffrey R. Weeks, Spektrum der Wissenschaft, 7/1999, S. 50.
[6] Max Tegmark, Kosmologie, „Parallel-Universen", Spektrum der Wissenschaft 8/2003, S. 34 ff.

(Verwirklichungstendenzen) begreift und die Ergebnisse der Berechnungen nicht nur für das „Maß unseres Unwissens" hält, sondern letztlich für wirklichkeitsrelevant. Dieses „Kopieren" gilt dann natürlich auch für Individuen. Wenn man nur weit genug im Raum voranschreitet, sollte es also auch Kopien von uns und sogar von unserem ganzen Planeten geben – genau genommen sogar ebenfalls wieder unendlich viele. Aber wir wissen natürlich auch um all die Schwierigkeiten, die von *physikalischen* Unendlichkeits-Vorstellungen ausgehen: von den Singularitäten unendlicher Energie bzw. Masse, von unendlichem Druck beim Urknall oder in schwarzen Löchern – hier Folgen der angenommenen extremen Kleinheit des Raums, in dem das stattfindet. Es sollte mich nicht wundern, wenn wir letztlich doch wieder zurückkommen müssten zu einem einzelnen endlichen Universum (vielleicht in zyklischer Form, um die dunkle Energie zu erklären). Unendlichkeit scheint *physikalisch* nirgends zu funktionieren.

Wie auch immer: Tegmark und viele andere scheinen sich um Unendlichkeiten zu reißen, je mehr, desto besser: Gedacht wird so ein einfaches Ebene-I-Multiversum von Tegmark in einer Art Mengenbildung sehr vieler Hubble-Volumen – das Hubble-Volumen ist der für uns sichtbare Teil unseres Universums. Lassen wir aber auch das und auch die Versionen II und III. Wir machen einen Sprung in Tegmarks *Ebene-IV-Multiversum*, denn hier wird es wirklich bunt:

> Die höchste Form des Multiversums umfasst alle überhaupt denkbaren Möglichkeiten.

2 Im Reich des mathematischen Realismus …

Dazu gehören für Tegmark auch mathematische „Gebilde", ganz wie bei Platon. Er erwähnt dann den mathematischen Platonisten Eugene P. Wigner für den „die enorme Brauchbarkeit der Mathematik für die Naturwissenschaften" an ein Wunder grenzte. Tegmark findet:

> Umgekehrt muten mathematische Gebilde seltsam real an. Sie erfüllen eine Grundbedingung für objektive Existenz (…) dementsprechend meinen die allermeisten Mathematiker, dass sie mathematische Strukturen nicht erfinden, sondern entdecken (…) Theoretische Physiker neigen zum Platonismus: Sie vermuten, dass die Mathematik das Universum so gut beschreibt, weil es an sich mathematisch ist.

Der letzte Satz ergibt für einen materialistischen Realisten gar keinen Sinn. Was soll das heißen: Das Universum *ist* mathematisch? Wenn wir die notorisch widersprüchlichen Idealisten mal außen vor lassen, gehen wir doch alle davon aus, dass es materielle Wechselwirkungen und *nur* materielle gibt. Andere sind erstens noch nie beobachtet worden und zweitens wüsste man gar nicht wie die zu beschreiben sein sollten, ohne dass man solipsistischen Nonsens erzählt.

Tegmark ist natürlich klar, dass das Platon*ische* Paradigma die Frage aufwirft, „warum das Universum so ist wie es ist." Für jemanden, für den die Physik fundamental ist und die Mathematik nur von uns konstruiert (wie bspw. für Aristoteles), stellt sich diese Frage gar nicht. Der Platonist muss sich, wie auch Tegmark bemerkt, allerdings fragen, warum „nur eine der vielen mathematischen Strukturen" in der uns bekannten Welt verwirklicht ist. Darauf könnte Tegmark die Antwort geben, dass aus der „Vogelperspektive" betrachtet (also in IV) alle mathematischen Strukturen verwirklicht sind – in allen dazu passenden physikalisch möglichen Welten. Das tut er auch:

> Als Lösung für dieses Problem habe ich vorgeschlagen, dass ungebrochene mathematische Symmetrie herrscht. Sämtliche mathematischen Strukturen existieren auch physikalisch. Jede mathematische Struktur entspricht einem Paralleluniversum.[7]

So weit so (vielleicht auch noch materiell) gut. Vielleicht gibt es ja auch euklidische Universen. Man weiß aber, dass auch in der Mathematik immer neue Strukturen entdeckt oder, wie der Aristoteliker sagen würde, *erfunden* werden. Werden damit dann auch unisono neue physikalische Welten entdeckt oder gar *erzeugt* …? Aber unmittelbar anschließend macht er seinen mathematischen Idealismus ohnedies unumkehrbar:

> Die Elemente dieses Multiversums liegen nicht im selben Raum, sondern außerhalb von Raum und Zeit. In den meisten gibt es vermutlich keine Beobachter.[8]

Der erste Satz ergibt wiederum keinen Sinn für einen materialistischen Realisten. Beim zweiten weiß man nicht ambivalenzfrei, worauf er sich bezieht. Dass es außerhalb von Raum und Zeit keine Beobachter geben kann, wäre jedenfalls nach *all* unseren kosmologischen Modellen trivial. Hier wird überdies eine nicht-materielle Existenzform

---
[7] Tegmark, ebenda.
[8] Tegmark, ebenda.

2 Im Reich des mathematischen Realismus ...

für mathematische Objekte angenommen, die in der Lage sein soll, materielle Objekte zu formen und damit auch zu „führen". Sie existieren „raumzeitlos" und damit idealistisch „jenseits" aller Materie, ihr aber anscheinend nichtsdestoweniger als grundlegende logische Strukturen *vor*geordnet, denn aus ihren bloßen Möglichkeiten ergeben sich ja offenbar alle materiellen Welten. Tegmark bezeichnet das dann auch ganz stolz als „Radikale(n) Platonismus" und vergleicht seine Position mit den Positionen von John D. Barrow[9] und David Kellogg Lewis, der einen so genannten „modalen Realismus" vertreten hatte, in dem ebenfalls schon alle bloß *logisch* möglichen Welten existieren sollen. Barrow ist als mathematischer Platonist bekannt (*Ein Himmel voller Zahlen*). Lewis kam von der Sprachphilosophie, also eher vom empiristischen Antirealismus. Nach dessen Zusammenbruch hat er sich übergangslos in einen radikalen Idealismus verstiegen. In seiner „Philosophie des Geistes" kann man sogar einen Rückfall in Hegelsche Vorstellungen erblicken.

In diesem Personenkreis gibt es also jedenfalls keinen materialistischen Realisten. Hugh Everett III, der Urheber der Theorie der „Relativen Zustände" („viele Welten" wurde das erst später von de Witt genannt), und der Dekohärenz-Theoretiker Heinz Dieter Zeh haben sich dagegen explizit als Realisten verstanden. Allerdings scheint Zeh keine Einwände gegen Tegmarks addierten Idealismus zu haben – er hat sich dazu jedenfalls nie geäußert.

---

[9] John D. Barrow, *Ein Himmel voller Zahlen*, 1994, Spektrum Verlag GmbH, Heidelberg, Berlin, Oxford.

26 Die Fälschung des Realismus

Bei den *Alternativen* zur Stringtheorie (Loop Quantum Gravity, Causal Set Theory, Causal Dynamical Triangulation u. a.) findet man in dieser Hinsicht klareren materialistischen Realismus. Niemand würde hier einen mathematischen Realismus adoptieren wollen, soweit ich sehen konnte.

In seinem jüngsten Buch kritisiert Lee Smolin diesen neu aufblühenden mathematischen Platonismus jedenfalls ganz unmissverständlich:

> In *Eine kurze Geschichte der Zeit* stellte Stephen Hawking die Frage: ‚Was haucht den Gleichungen Leben ein und bringt ein Universum hervor, das von ihnen beschrieben wird?' Solche Äußerungen enthüllen die Absurdität der Ansicht, dass die Mathematik der Natur vorausgeht. Die Mathematik kommt in Wirklichkeit nach der Natur. Sie besitzt keine Zeugungskraft. Man könnte diesen Sachverhalt auch so ausdrücken, dass in der Mathematik die Schlussfolgerungen durch logische Implikation erzwungen werden, während die Ereignisse in der Natur durch kausale Prozesse generiert werden, die in der Zeit ablaufen. Das ist nicht dasselbe; logische Implikationen können zwar Aspekte kausaler Prozesse modellieren, aber sie sind nicht mit kausalen Prozessen identisch.[10]

Das ist natürlich genau der Punkt. Die Kausalitäts-Interpretation der Antirealisten und der Realisten im Vergleich: Letztere betrachten Kausalität als Resultat rein materieller Wechselwirkungen, erstere möchten sie (frei nach David Hume) rein psychologisch auf eine Denkfigur reduzieren.

---

[10] Lee Smolin, *Im Universum der Zeit*, dva, 2014, S. 329.

John Archibald Wheeler und Max Tegmark werden von Smolin in diesem Zusammenhang analog kritisiert. Man sollte meinen, dass das, was Smolin hier schreibt, in einer halbwegs realistischen Diskussion inzwischen selbstverständlich sein sollte, aber der neue „mathematische Realismus" stellt das alles ja in Frage. Smolin macht dann dankenswerter Weise auch noch klar, dass Logik und Mathematik zwar bestimmte Aspekte der Natur erfassen, aber nie die ganze Natur. Was man ja durchaus als Hinweis darauf verwerten könnte, dass *wir* die Mathematik machen – und nicht *sie uns*.

2.1.1 Der uneingestandene Dualismus

Für Bernulf Kanitscheider existieren Zahlen und Strukturen in einem ähnlich unklaren Sinn wie für Tegmark, aber hier der Materie scheinbar „nur" *innewohnend*, obwohl auch er von mysteriösen Führungseigenschaften der mathematischen Objekte redet, wie wir gleich sehen werden. Durch die Behauptung eines „intrinsischen", also irgendwie „wesenhaften" Innewohnens der mathematischen Objekte in der Materie, versucht Kanitscheider zumindest irgendwie „optisch" den Eindruck eines Dualismus zu vermeiden.

Natürlich sind wir alle froh darum, dass mittelalterliche Formen des „theologischen Realismus" heute keine Rolle mehr spielen. Aber die Urform eines solchen Dualismus von Geist und Materie bzw. von Nicht-Materie und Materie ist noch immer dieselbe. Wir sehen, dass auch von neueren Philosophen immer noch explizit Positionen vertreten werden, die für ein *immaterielles Bewusstsein* bzw. für *immateriellen Geist* – oder dergleichen *nicht* mit Materie wechselwirkungs-fähige Wesenheiten – votieren[11]. David Chalmers versucht sogar, einzelne Atome mit Bewusstsein auszustatten (und dieses Bewusstsein sollte man dann „nicht-materiell" verstehen).

Im vorderen Teil seines Buches[12] liefert Bernulf Kanitscheider eine beredte Rückschau auf die Geschichte der Mathematik – insbesondere in ihrer Beziehung zur Geschichte der Physik. Hier finden wir eine ganze Reihe unterschiedlicher meta-mathematischer Ansätze, die zunächst noch lediglich neutral moderierend gestreift werden.

Weiter hinten allerdings[13] lehnt er sich dann schon etwas mehr für bestimmte Positionen aus dem Fenster, die bei genauerem Hinsehen allesamt im Gravitationsfeld des mathematischen Platonismus liegen. Diese neue Liebe dürfte sich schwerlich mit einem kritischen bzw. materialistischen Naturalismus vertragen. Einige problematische Aussagen liefert er uns schon zu Beginn:

> Nun ist vermutlich die gesamte physikalische Realität durch mathematische Strukturen geführt und damit, wenn der Reduktionismus wahr ist, auch der organische und der psychische Bereich.[14]

Das ist sicherlich schon ein recht klares Bekenntnis zum mathematischen Platonismus bzw. zum „mathematischen

---

[11] David Chalmers, *The Conscious Mind*, Oxford University Press, 1996. Chalmers versucht seine Position übrigens ebenfalls als kompatibel zum Naturalismus darzustellen.
[12] Bernulf Kanitscheider, *Natur und Zahl – Die Mathematisierbarkeit der Welt*, Springer Spektrum – Springer-Verlag Berlin Heidelberg, 2013.
[13] Ebenda (unter dem Titel: „Einzeldinge"), S. 244.
[14] Ebenda, S. 65.

Realismus", wie Kanitscheider das hier nennt. Für einen kritischen Realisten von heute, der einen Monismus der Materie zugrunde legt, ist das aber schlicht *Idealismus*, denn natürlich werden materielle Objekte, würden sie durch mathematische Strukturen, also durch rein ideelle Strukturen bzw. Objekte, „geführt", ebenfalls zu ideellen Strukturen/Objekten – ganz wie bei den Strukturalisten. Kanitscheider stimmt nun zwar dem Credo der realistischen Naturalisten zu, dass es überall in der Welt „mit rechten Dingen" zugeht (ich glaube dieser Passus stammt von Gerhard Vollmer). Mit rechten Dingen meint ein Realist aber gewöhnlich *materielle Dinge* – und eigentlich nur die. Mathematische „Dinge" bzw. „Objekte" werden dagegen als vom Menschen (hirnorganisch) konstruiert betrachtet, man findet sie jedenfalls nicht sonst wo in der Natur vor. Eine Ausnahme machen eben nur die Platonisten bzw. die rationalistischen Idealisten. Bei Platon waren bekanntlich nur die Ideen fundamental, die materiellen Dinge konnten sich, wenn sie überhaupt mehr als Schein sein sollten, nur verschlechtern – in einer sehr problematischen Mischung aus erkenntnistheoretischem und ethischem Verständnis übrigens. Platon macht es den „schlechter" werdenden Verwirklichungen ja gewissermaßen (quasi-moralisch) zum Vorwurf, dass sie sich so weit von den idealen Ideen entfernen. Man konnte das zwar irgendwie abmildern, aber ganz verhindern konnte man das nicht.

Die mittelalterliche Terminologie, die Kanitscheider verwendet, scheint aus heutiger Sicht hochgradig irreführend. Wir wissen, dass die Idealisten, auch wenn sie sozusagen nebenher noch an Materie glaubten (also Dualisten waren), von Anfang an alle möglichen fiktiven Wesenheiten als real mit ins Boot genommen haben – eine Erbschaft aus der Theologie. Das wurde ihnen aber schon zu Recht durch die so genannten Nominalisten bestritten, die eben der Meinung waren, dass dieser „Realismus" bei weitem zu üppige Mengen an Fiktionen mit sich führt, die bei näherer Betrachtung eben leere *Namen* waren, die nichts als physikalisch leere Mengen bezeichneten. Wilhelm von Ockham – mit seinem „Rasiermesser", mit dem man überflüssige Annahmen abschneiden bzw. sich nur auf die absolut nötigen beschränken sollte – war wohl der bekannteste Nominalist. Allerdings war er Philosoph *und* Theologe, und man weiß nicht recht, ob er seine theologischen Wesenheiten auch *allesamt* als überflüssig abgeschnitten hat. Anzunehmen ist allerdings, dass er wohl so einige davon abgeschnitten hatte, denn 1325 kam es zum Zerwürfnis mit Papst Johannes XXII, der sich scharf gegen Ockhams Lehre ausgesprochen hatte, aufgrund mehrerer Häresie-Vorwürfe gegen ihn durch irgendwelche Bischöfe. Die Nominalisten waren aber jedenfalls wohl durchweg eher Realisten im heutigen Sinn. Da ihnen insbesondere die kirchlichen „Realisten", also die unverfrorensten Idealisten (was die göttlichen Wesenheiten anging), die Bezeichnung Realist schon weggenommen hatten, haben sie sich für diesen sozusagen „reaktiven" Namen (Nominalist) entschieden. Vielleicht etwas zu übereilt und zu defensiv. Denn heute versteht man einen *kritischen* Realisten als jemanden, der an die materielle Wirklichkeit und nur an diese glaubt und für den Allgemeinbegriffe alle von Menschen gemacht sind und ganz sicher nicht „res" (genau wie die Nominalisten das sahen). Der eigentlich klare Begriff des Realismus wird aber eben auch in unserer Zeit immer wieder beschädigt dadurch, dass er von Antirealisten

2 Im Reich des mathematischen Realismus ...

für ihre jeweiligen Positionen unnütz und natürlich auch ohne Berechtigung im Munde geführt wird, um es mal biblisch auszudrücken. Es gibt Philosophen, die nennen sich „wissenschaftliche Realisten" oder neuerdings „Strukturale Realisten". Sie geben aber lediglich formale Aussage*formen* zu unserer physikalischen Wirklichkeit zum Besten. Damit solche Aussagen überhaupt Wirklichkeit ansprechen können, müssten sie aber erst einmal durch echte realistische Aussagen instanziiert bzw. exemplifiziert werden. Dazu reicht nicht der Trick, *Disjunktions-Fächer* von Möglichkeiten bezüglich der Wirklichkeit anzubieten (also klassentheoretische Aussagen) – man kann dann im Falle von Falsifikationen von einer Möglichkeit zur anderen flüchten – und kann sogar noch behaupten, dass diese Fluchten nicht ad hoc waren, sie waren ja in der Theorie enthalten. Es handelt sich also um „prophylaktische" Immunisierungsstrategien gegen Kritik – sozusagen halb-konventionalistische Strategien. Komplette Wenn-dann-Interpretationen von Theorien verhalten sich dann wie *komplett* verschlossene Türen für Wirklichkeitsaussagen.

Der Fall des „mathematischen Realismus" Kanitscheiders hat insofern etwas Spezielles, als die materielle Realität nicht angezweifelt werden soll. Das ganze verbleibt aber auf diese Art nichtsdestoweniger in einem klassischen Dualismus. Die Materie soll nicht angezweifelt werden, sie soll einfach noch etwas dazubekommen, nämlich gewissermaßen in der Materie *intrinsisch* wohnende mathematische Strukturen oder Objekte – obwohl Kanitscheider Strukturen eher als „leere Hüllen" sieht, also schon lieber Zahlen als der Materie innewohnend betrachten möchte. Aber all das scheint äußerst bizarr, denn wir kennen keine Fälle in denen ideelle Objekte mit materiellen Objekten im Wechsel wirken könnten. Hier sollen sie ihnen aber eben sogar noch gewissermaßen „führend" vorgeordnet sein (letztlich doch wie bei Tegmark – eine Folge von Kanitscheiders definitorischer Ambivalenz). Wir werden sehen, dass Kanitscheider über das ganze Buch hinweg nicht in der Lage sein wird zu erklären, wie man sich das überhaupt nur *vorzustellen* hätte. Die antirealistische Position der so genannten Kopenhagener Interpretation der Quantenmechanik war verglichen damit einfach nur eine eher resignative, pragmatische Haltung. Bei Bohr & Co hatte niemand an einen „mathematischen Realismus" gedacht, in dem die mathematischen Objekte Existenzrecht erhalten sollten. Nils Bohr, Werner Heisenberg, John von Neumann, Wolfgang Pauli und Max Born fanden es einfach nur problematisch, über Messergebnisse konsequent quantenmechanisch zu sprechen, also sowohl über das Messgerät, als auch über den Beobachter, als auch über den Rest der Welt. Sie haben sich aus rein praktischen Gründen dazu entschlossen, über die Messergebnisse *rein klassisch* zu sprechen. Hinsichtlich der Mathematik der Quantentheorie waren sie Instrumentalisten. Paul Dirac bildet allerdings wohl eine Ausnahme. Von ihm ist ein ausgeprägter mathematischer Platonismus bekannt.

Für Kanitscheider scheint gar nicht mehr die Frage zu sein, ob es derartig hypostasierte ideelle Objekte inmitten der Materie gibt, sondern es geht nur noch darum

> zu klären, *wie* die formalen Strukturen in der Materie stecken und *warum* sie dort ihre Organisationskraft entfalten können.[15]

---
[15] Ebenda. S. 65.

Seinerzeit waren es eher die Götter und allerlei weitere unklare Wesenheiten, um die es ging bei diesen seltsamen „Realismen". Beim neuen „mathematischen Realismus" sind es eben mathematische Objekte, für die ein eigenes Existenzrecht abstrakter Strukturen eingeklagt werden soll. Das ist ein erkenntnistheoretischer Rückfall bis hin zu Platons Idealismus, wenn man letzteren einmal als den Fundamentalisten dieser Position bezeichnen will. Max Tegmark ist insofern ein besonders radikaler Vertreter dieser Position, als er abstrakte Objekte *auch raumzeitlich* schon vor aller Materie ansiedeln möchte – in seinen „logischen Möglichkeiten" eben. Aber wer könnte die eigentlich erkennen oder hergestellt haben, bevor es Materie gab. An dieser Stelle könnte man sich fragen: steht das jetzt für eine Gottes-Substitution, oder ist es doch der Schöpfer selbst, der hier Mathematik betreibt?

Aber wie auch immer, es wäre natürlich *in beiden Fällen* einfach nur eine Neuauflage von *Idealismus*. Denn die materiellen Objekte werden hier gewissermaßen (logisch) durch die ideellen Objekte der Mathematik „entmaterialisiert" und nicht umgekehrt, wie wohl gehofft wird, denn letztere sollen ja *vorher* da gewesen sein. Aber selbst, wenn man die Führungsrolle bzw. das zeitliche Vorhergehen der Mathematik mal vorläufig aus der Diskussion lässt, alternativ abgeschwächt könnten mathematische Realisten eben nur ein weiteres Mal die Wechselwirkung von materiellen mit immateriellen Objekten behaupten. Damit ist man bisher aber nicht besonders weit gekommen, um nicht zu sagen: notorisch gegen die Wand gefahren. Ein entsprechendes Experiment lässt sich nicht einmal *formulieren*, solange man nicht zu klären in der Lage ist, was denn ein nichtmaterielles Objekt in einer ansonsten komplett materiellen Welt *sein* soll. Die grundsätzliche Schwierigkeit ist, auch nur *eine einzige* Eigenschaft eines solchen Objektes nennen zu können, die in unserer Welt wirklich vorkommt. Nichtmaterielle bzw. ideelle Objekte wie die mathematischen, ob nun Zahlenverknüpfungen oder algebraische Ausdrücke, kann man als logische Gehalte bestimmter Gedanken betrachten, die *diskret* aber wiederum als materielle, elektrochemische Hirnfunktionen betrachtet werden müssen. Es gibt sie in ihrer Funktion als Quasi-Kalkulationen übrigens schon in jeder einzelnen Zelle und erst recht natürlich in vernetzten Zellverbänden (eben nicht nur in Neuronen, alle Zellen kalkulieren *biologisch wirksam* über chemische Sättigungen und dergl.).[16] Was wir Gedanken nennen, ist lediglich unsere Art, diese Prozesse zu *empfinden*. Abgelöst vom Gehirn (auf Papier oder dergleichen) sind sie nicht satisfaktionsfähig bzw. wechselwirkungsfähig. Sie *leben* eben nur in Gehirnen. Gehirnprozesse und Gedanken verhalten sich vermutlich ähnlich zueinander wie die zerebrale Verarbeitung von Frequenzen von Lichtwellen zu intersubjektiven Farbempfindungen.

2.1.2 Kanitscheiders Klassen

Gehen wir hier aber zunächst auf erkenntnistheoretische Fragen im engeren Sinne ein. Kanitscheider findet, „dass

---
[16] Die Enzymatik der Zellen kalkuliert mit den von ihr aktivierten oder inhibierten Genen wesentlich effizienter als jeder Großrechner. Plastizität ist hier das Zauberwort. Der ständige Aufbau benötigter und der Abbau nicht mehr benötigter Strukturen ist konkurrenzlos. Das gilt natürlich insbesondere für ein komplettes Gehirn. Dazu: Norbert Hinterberger, „Vom Einzeller zu Einstein", in Aufklärung und Kritik, 2/2013.

2 Im Reich des mathematischen Realismus ...

die Einzeldinge am Beginn jedes Erkenntnisprozesses stehen." Diese Formulierung ist nicht so ganz unproblematisch, ließe sich aber durchaus noch mit einer verträglichen Interpretation ausstatten, ebenso wie die Behauptung: „Der Dorfpolizist wird vermutlich nie über die Klasse aller Einbrecher nachdenken." Richtig problematisch wird es erst mit folgender allgemeiner Bemerkung: „Erst nach der Beobachtung der Einzeldinge kommt im nächsten Schritt das Gemeinschaftliche zum Tragen (…)." Das ist eine typisch induktivistische Idee mit all ihren Schwierigkeiten.

Kanitscheider wird später auch selbst noch den Wert der Klassifizierung hervorheben. Das allerdings – wie wir auch bisher schon gesehen haben – lediglich fokussiert auf eine angeblich mathematisch intrinsische Natur im platonischen Sinn. Er sieht sie also nicht etwa als deduktivistische Charakterisierung von Erkenntnisvorgängen bezüglich der materiellen Realität. Hier, in Bezug auf den Beginn der Erkenntnis, verharrt er aber ohnedies noch ganz in positivistischer bzw. logisch empiristischer Tradition bei den „Einzeldingen".

Karl R. Popper hat uns aber immer wieder mit Nachdruck darauf aufmerksam gemacht, dass alle unsere Beobachtungen immer schon „theoriegetränkt" sind, so dass es so etwas wie „un*mittel*bare" bzw. „Einzel-Beobachtungen" nicht gibt. Wir verwenden immer schon das *Mittel* einer fallibeln bzw. hypothetischen Klassifikation, zusammengesetzt aus unserem jeweils aktualen allgemeinen Hintergrund- bzw. Vermutungswissen, auch schon für die jeweils erste hypothetische Konstruktion eines „Einzeldings". Auf einer biologisch diskreten (also nicht-kulturellen) Ebene kann man das überdies als biologisch universell betrachten.

Schon auf der Ebene der Einzeller kann man die Membran- bzw. Außen-Rezeptoren als Klassifikations- und damit als Kalkulations-Apparate betrachten. Die sind übrigens genauso fallibel, wie die kulturell allgemeinen Hypothesen (Klassifizierungen) der Menschen. Die Fallibilität der molekularen Erkenntnisapparate liegt einfach darin, dass sie schon rein materiell (chemisch) beschädigt sein können. Wenn sie das allerdings nicht sind, erkennen Rezeptoren nicht nur (in einer Art „Wegwerf-Funktion") ein Molekül (aus dem Umgebungs-Milieu) und dann keines mehr ... sondern, sie erkennen *die ganze Molekülklasse*. Zwar erkennen sie in der Regel (mit einem Rezeptor) nur jeweils eine bestimmte Klasse, aber die erkennen sie eben *notorisch*, weil rein chemisch, so dass sich bei einem intakten Rezeptor ein Unterscheidungsproblem wie beim kulturellen bzw. konstruktiv psychologischen Erkennen gar nicht stellt.

„Am Anfang war der Geruch", wenn man so will. Der wurde und wird *molekular* per Chemotaxis (über schärfere oder unschärfere „Schlüssel-Schloss-Mechaniken") an den Rezeptoren einzelner Zellen aufgefangen bzw. zugeordnet (Geruch ist *diskret* einfach Molekülerkennung durch Rezeptoren). Das funktioniert nicht nur in Nasen (die bestehen in ihrer Schleimhaut praktisch aus nichts anderem als Zellen mit unterschiedlichsten Rezeptoren – für jede detektierbare Molekülklasse gibt es einen), solche Anlagen besitzen schon Einzeller. Nicht annähernd so luxuriös wie bei uns – viele müssen mit nur zwei verschiedenen auskommen: mit einem, der die Geruchsmoleküle des Fressfeindes erkennt, und einem, der Nahrungsmoleküle erkennt. Im Zellplasma gibt es weitere, die für unsere Diskussion hier zunächst keine Rolle spielen.

2 Im Reich des mathematischen Realismus ...

Diese *biologisch universell vorhandene Fähigkeit*, nicht nur *einen* Vertreter seiner Art, sondern seine ganze Klasse erkennen zu können, erfüllt den Tatbestand der Klassifikation und ist offenbar schon mit einfachsten biochemischen Apparaturen zu realisieren. Man muss also schon über die Anlage, eine Klasse erkennen zu können, verfügen, um zur Spezifikation eines bestimmten Individuums, eines „Einzeldings" (dieser Klasse eben) in der Lage zu sein – was im Übrigen auch logisch bzw. deduktiv schlüssig ist.

Auch Menschen überleben ja nicht nur durch bestimmte ihrer falliblen *kulturellen* Klassifikationen (allgemeinen Annahmen), sondern genau wie die anderen Organismen auch immer noch durch ihre *molekularen* Erkennungsapparaturen auf Zellebene. Ohne den Schutz durch die beeindruckende Überwachungs- und Abwehrtätigkeit unseres Immunsystems, würden wir uns schon an ganz normaler Nahrung vergiften. Wir können die Leistung unserer chemotaktischen Klassifikations- bzw. Erkennungs-Apparate also gar nicht überschätzen. Ein Immunsystem besitzen natürlich nur die höheren Lebensformen, aber die Rezeptoren-Erkennung auf Zell- bzw. molekularer Ebene ist eben biologisch allgemein.

Kanitscheiders „Bankräuber" und der „Dorfpolizist" stellen zwar (zugegebenermaßen) keine metatheoretischen Überlegungen zu Klassen an, aber das müssen sie auch genauso wenig tun wie der Einzeller, um den *Tatbestand* bzw. die Tätigkeit der falliblen Klassifikation zu *erfüllen* bei ihren Erkenntnis- bzw. bei ihren biologisch allgemeinen Orientierungsversuchen.

Das so genannte „Einzelding" entsteht definitorisch erst durch die vorhergehende fallible Klassifikation (hier geht nämlich tatsächlich mal was „vorher": es ist das Hintergrundwissen in Form von phylogenetisch geschulten Zellanlagen, zu denen insbesondere die Gehirne zählen – es handelt sich also durchaus um Materie und nicht um eine nackte „logische Möglichkeit", die vorhergeht). *Da,* also in Gehirnen, wird der Beobachtungsgegenstand erst als „Einzelding" abgeleitet – als besonderer Fall der allgemeinen Klassifikation eben. Das geschieht ganz und gar nicht unabhängig von der materiellen Entität (die erkannt werden soll), aber eben fallibel, aufgrund eines fehlenden Wahrheitskriteriums. Anders gesagt, wir (die Organismen) sind alle keine Hellseher. Da also alle Klassifikationen (ob nun rezeptorisch/enzymatisch oder kulturell) prinzipiell fallibel sind, können sie immer auch falsch sein.

Um auf den Menschen und seine kulturellen Klassifikationen zurückzukommen: Ohne diese allgemeinen Vermutungen, die bei Beobachtungen aus dem jeweiligen (biologischen und kulturellen) Hintergrundwissen gewissermaßen ausgeschüttet werden, würden wir nur Farben und Kanten erkennen und nicht das, was wir gewöhnlich (und in der Mehrzahl der Fälle mit nicht zu unterschätzenden konventionellen Anteilen) als Gegenstände zusammenfassen. Auch der Dorfpolizist kennt die Klasse der Bankräuber, weil er schon aus der Schule weiß, welche wichtigen Eigenschaften Bankräubern gemeinsam sind – insbesondere wohl die, dass sie Banken berauben. Er „sieht" das „Einzelding" (in diesem Fall den Bankräuber als Bankräuber) *von dieser Theorie aus* als Individuum seiner Klasse. Aber anders als bei den *anti*realistischen Konstruktivisten oder Konzeptualisten wird vom Realisten eine solche Konstruktion als „Einzelding" zu Recht als real betrachtet, solange keine falsifikative Gegenevidenz vorgebracht werden kann, es sich also etwa intersubjektiv als optische, akustische oder haptische Täuschung herausstellt. Der Ausdruck „Einzelding" ist trotzdem hochgradig irreführend, denn es gibt schlicht kein Ding, das nicht zu irgendeiner Klasse gehören würde. Genau genommen gehört jede materielle Entität immer zu vielen (primären Eigenschafts-)Klassen. Nur die diskreten Dinge (Elementarteilchen) kann man auf drei Eigenschaften reduzieren (Masse, Spin und Ladung).

Der evolutionäre Grund für diese fallibel klassifizierende (und damit auch häufig über-generalisierende) Erkenntnisweise ist die Tatsache, dass (abgesehen von Artefakten – und auch die setzen sich letztlich aus Elementarteilchen zusammen) in unserer Welt nichts *solo* vorkommt und deshalb auch nicht als „Einzelding" in der merkwürdigen Interpretation der Logischen Empiristen. Natürlich gibt es keine zwei Menschen (oder sonstigen Dinge), die einander völlig gleichen (so dass der Begriff des Individuums gewahrt bleibt), aber es gibt von Ihrer Art eben immer mehrere. Anders gesagt: Alle „Dinge" kommen nur in Klassen vor, Individuen aus ihnen werden (und das ist der rein logische Vorgang) im Moment der Beobachtung aus den Klassifizierungen deduziert, aus dem Hintergrundwissen, das wir jeweils mit uns herum tragen – mag das nun genetisch, epigenetisch oder kulturell, oder bei höheren Lebensformen eine Mischung aus allem sein. Da aber bekanntermaßen auch schon die molekulare Information fehlerhaft sein kann, kommen wir (die Organismen insgesamt) alle nicht über die Methode von Versuch, Irrtum und (im besten Fall) Irrtums-Elimination hinaus.

Anders gesagt, die Klassen sitzen ihren Individuen („Einzeldingen") nicht noch einmal übergestülpt auf, wie bei Kanitscheiders mathematischer Struktur-Realität. Damit hätten wir nämlich eine Verdopplung der Entitäten.

Kanitscheider will zwar außerdem (abgesehen von der Reihenfolge im Erkennen, die er hier einfach logisch schlecht reflektiert hat – wie wohl alle ehemaligen Induktivisten) auf eine bestimmte Klassen*struktur* unserer Welt hinaus: „Unsere Welt ist einfach so beschaffen, dass die Einzeldinge Gemeinsamkeiten besitzen (…)"[17]

Das klingt fast wie in einem Text von mir[18]. Auch er betont dann, wie wichtig es ist, zwischen natürlichen und konventionellen Klassen zu unterscheiden. Allerdings will er mit seinen Klassen etwas ganz anderes *anstellen*. Bei mir geht es (erkenntnistheoretisch) um eine Kritik der Induktion und um die klare Aussage, dass Klassifikationen (aus denen *deduziert* wird) auf allen Ebenen unsicher, also fallibel sind und bleiben, während Kanitscheider glaubt, dass man unterscheiden kann und muss zwischen *echten* und *scheinbaren* Klassifizierungen. Bei den Logischen Empiristen hatten wir ja schon die Unterscheidung zwischen „echten Sätzen" und „Schein-Sätzen", an die diese Strategie nicht von ungefähr stark erinnert. Bei echten Sätzen sollte die Wahrheit in der „Methode ihrer Verifikation" liegen.

Für beide Vorschläge gilt natürlich: Nur mit einem sicheren Wahrheitskriterium, über das wir aber nicht verfügen, könnten wir entsprechende Unterscheidungen treffen. Kanitscheider denkt dessen ungeachtet: „Hier gibt es Beispiele

---
[17] Ebenda, S. 245.
[18] Norbert Hinterberger, Vom Einzeller zu Einstein, in Aufklärung und Kritik, 2/2013, S. 35 ff.

sowohl für echte als auch für scheinbare Klassifizierungen." Und das hat eben wieder damit zu tun, dass er annimmt, es gibt mathematisch manifeste und den materiellen Dingen gewissermaßen „prästabilierend" harmonisch „vorwohnende" Klassen. In meiner Schrift geht es dagegen um *Evolutionäre Erkenntnistheorie* in deduktivistischer Interpretation, also um die *erkenntnistheoretische Bedeutung der Klassifikation und ihrer biologischen Apparaturen in der gesamten Evolution der Erkennungsorgane*. Er formuliert hier indessen einen anti-evolutionären, mathematisch zeitlos inspirierten „Realismus" nicht nur der Zahlen, sondern auch der Klassen *als Objekte der Wirklichkeit*:

> Die Chemie kennt Elemente und Verbindungen, die sicher naturgegeben sind, die Teilchenphysik Quarks und Leptonen, die nach heutigem Wissen die basalen Bestandteile der Materie ausmachen. Die Galaxien und ihre Gruppierungen, die dynamisch gebundenen Sternassoziationen wie die Kugelhaufen, sind sicher reale Muster von Objekten, wohingegen die Tierkreiszeichen psychologische Artefakte der menschlichen Einbildung darstellen.[19]

Wir werden diese Schwemme „reale(r) Muster" später bei Michael Esfeld in seinem „Strukturalen Realismus" wieder finden. Beide Autoren machen sich keine Gedanken darüber, dass diese Art der Strukturierung zu einer Vervielfachung der tatsächlich vorhandenen diskreten Realität (auf Quantenebene) führen muss. Kanitscheider beschränkt sich ja nicht auf das Klassifizieren als Erkenntnisstrukturierung der Organismen. Nein, bei ihm sollen diese Klassen alle

---

[19] Kanitscheider, Natur und Zahl, S. 246.

noch einmal *zusätzlich* zu ihren Elementen *existieren*. Das ist schon unschlüssig, wenn ich mich auf Klassen beschränke, zu denen wir in ihren Elementen direkte Referenzen zu besitzen scheinen. Überdies können wir uns dabei aber auch immer irren und dann am Ende den Topf im Topf des Topfes (und so fort) konstruieren.

Aber eins nach dem anderen. Zuerst einmal muss man wohl feststellen, dass nur die Elementarteilchen zu *diskreten* Klassen gehören, wenn man keine unnötigen Widersprüche produzieren will. Man muss von einer *strengen Unterscheidung* zwischen *diskreten* Dingen (ob das am Ende der Diskussion nun die Elementarteilchen oder nur noch vibrierende Energiefäden oder –Wellen angeregter Raumzeitatome sind) und den *aus ihnen zusammengesetzten* (also immer wenigstens teilweise konventionellen oder emergenten) Entitäten ausgehen. Nur so kann man das Problem vermeiden, welches insbesondere schon von Mario Bunge und Manfred Mahner mit ihrer abstürzenden „Ding"-Definition in die Welt gesetzt wurde. Alle Metaebenen bzw. unterschiedlichen Klassifikationsebenen landen letztlich in der Objektebene. Dieser Absturz kommt zustande, weil bei ihnen *alles* Ding ist, vom Elektron bis zum Ökosystem (ein derartig aufgeblähtes System erinnert stark an die spekulativen Finanzmärkte, von denen *nach einem Crash* dann jeweils eingesehen werden muss, dass wohl doch etwas zu viel „Phantasie" im Markt war).[20] Da von Bunge und Mahner in diesem Zusammenhang dem Begriff der Entität eine eigene Bedeutung abgesprochen wurde (alle materiel-

---

[20] Ich habe diesen Ding-Begriff bereits in *Aufklärung und Kritik* (3/2011, S. 169 ff.) „Die Substanzmetaphysik von Mario Bunge und Manfred Mahner" kritisiert.

len Entitäten sollten unter dem Begriff des Dings bzw. der Dinge subsumiert werden), haben diese beiden Pseudo-Materialisten (ungewollt) einen Ding-Idealismus mit enormen Vervielfältigungseffekten erzeugt. Hier wird natürlich nicht die Materie, sondern wie immer nur die widersprüchliche Begrifflichkeit zu ihr vervielfältigt. Ein Supergau für Materialisten! Reserviert man dagegen die diskrete Materie- bzw. Energie-Ebene den Elementarteilchen bzw. ihren Wellen und verwendet den materiellen *Entitäts*-Begriff nur für alle möglichen Konstellationen letzterer (also emergent), so kann man *rein* konventionelle Klassifizierungen (ohne materielle Referenz) *allgemein*, also nicht nur in Form von Astrologie oder dergl. davon trennen. Man kann sie also tatsächlich empirisch, logisch und methodologisch ausschließen. Man behält auf diese Weise einen sauberen kritischen Realismus übrig, in dem die Existenzweise aller materiellen Entitäten zumindest mal prinzipiell geklärt ist: Diskret ist nur die fundamentale Ebene der Teilchen/Wellen bzw. *ihrer Energien*, alle anderen materiellen Entitäten dürfen nicht als unabhängige Dinge bezeichnet werden, sonst haben wir logisch betrachtet eine Ding-Inflation vor uns, die zwangsläufig idealistisch ist und zu Recht letztlich immer zu einem Absturz der aufgeblähten metasprachlichen Ebenen führt.

Bei Kanitscheider ist ebenfalls nicht geklärt, wie er das vermeiden will. Es wird von ihm nicht einmal problematisiert, obwohl er die Philosophie von Bunge und Mahner kennt. Aber auch diese so genannten „Materialisten" kamen vom Antirealismus (vom Logischen Empirismus), so dass man hier ohnedies nicht unbedingt einen echten materialistischen Realismus erwarten durfte.

Mit der Einsicht in die Notwendigkeit unterschiedlicher Sprachebenen zur Vermeidung von Antinomien (Alfred Tarski) und Einsichten in die konventionellen Anteile in den entsprechenden Aussagen, vermeidet man dagegen ein massenhaftes idealistisches Aufblähen der diskreten Materie (wie wir es bei Mario Bunge und Manfred Mahner erlebt haben) und benötigt keine undurchführbaren Unterscheidungen zwischen „echten und scheinbaren" Klassifizierungen, wie bei Kanitscheider. Dafür haben wir schließlich – genau wie in Bezug auf alle anderen Sicherheitsbehauptungen zu Wahrheiten – ebenfalls kein Kriterium.

Betrachtet man alle Klassifizierungen prinzipiell als fallibel-konstruktiv, vermeidet man Kanitscheiders Dogmatismus in dieser Sache und es wird nebenher noch klar, dass man auf eine konsequent falsifikative Methodologie nicht verzichten kann. Theorien sind nur unsere auffälligsten und aufwändigsten Klassifikationen, sie sind indessen allesamt logisch äquivalent zu allgemeinen Erwartungen beliebiger Provenienz. Anders gesagt, *alle* Lebewesen klassifizieren in der einen oder anderen Form – ob nun zellular-rezeptorisch und/oder kulturell, und alle können sich dabei irren. Und vermeidet man die *Existenz*behauptung für Klassen, zusätzlich zu ihren materiellen Elementen, hat man das idealistische Inflations-Problem von vornherein vermieden. Unsere Klassifizierungen sind das Produkt unserer (im übrigen äußerst erfolgreichen) Suche nach Regelmäßigkeiten in der Natur – sie *existieren* nur als biochemische Funktionen in Organismen, nicht noch einmal mathematisch *jenseits* von Raum und Zeit.

2 Im Reich des mathematischen Realismus ...

Kanitscheiders Argumente für *natürliche Arten* wären *realistisch konstruktiv* verstanden nachvollziehbar: Auch Willard Van Orman Quine

> hatte seinerzeit schon argumentiert: Arten sind Mengen, und wenn man der Meinung ist, dass Arten natürlich und real sind, dann gilt dies auch für Mengen. Selbstredend sind nicht alle Mengen Arten, sondern nur jene, die durch Überschneidung der Eigenschaften zusammengehalten werden. Alle Elektronen, auch wenn sie verschiedene Energien besitzen, formen eine natürliche Art, denn ihre Masse, ihr Drehimpuls und ihre Ladung sind gleich (…)[21]

Hier hatte Quine sozusagen „aus versehen" komplett realistisch argumentiert. Es werden zwar ungeordnet Elementarteilchen und aus ihnen zusammengesetzte Entitäten angesprochen, aber er bemerkt zu Recht, dass sie sich durch ihre (physikalischen) Eigenschafts-Schnittmengen als materielle Realitäten bzw. Entitäten qualifizieren. Das unterscheidet sie natürlich von *rein* konventionellen Klassen aller Art. Man wird dann aber gleich wieder geschockt, wenn man sieht, wie Kanitscheider damit nur seinen mathematischen Platonismus ausbauen will, ob nun als zeitlich vorgeordnete oder bloß „mit-gezogene" *Existenz*-Variante:

> Was leistet etwa ein *starker* Realismus, bei dem diese Grundgestalten *vor* den Dingen existieren und diesen ihre formale Existenzweise verleihen, im Unterschied zum *moderaten* Realismus, wonach die strukturalen Gemeinsamkeiten der Dinge nur als intrinsische Formen auftreten, die

---

[21] Kanitscheider, *Natur und Zahl*, S. 249.

wir mithilfe der Fähigkeit der Abstraktion begrifflich heraushebenund logisch analysieren, und schließlich zu der skeptischen Position, die in alledem nur begriffliche Konventionen sieht?[22]

Allein schon der Ausdruck „*starker* Realismus", angewandt auf die Position, die mathematische Objekte bzw. „diese Grundgestalten" zeitlich vor den Dingen sieht, ist starker Tobak. Denn hier ist ja gar nicht mehr nur von „mathematischem Realismus" die Rede, sondern einfach von „Realismus". Insbesondere im Zusammenhang der Behauptung, dass diese „Grundgestalten" den Dingen erst „ihre formale Existenzweise verleihen" (also ihre *ideale* Existenzweise), ist das für kritische Realisten wohl gewöhnungsbedürftig. Man sieht doch klar, dass damit eher die materiellen Dinge *ent*materialisiert werden (sie kriegen hier ja allesamt eine „formale Existenzweise" verpasst), als dass etwa umgekehrt klar würde, dass mathematische Strukturen gewissermaßen Ding-Charakter erhalten könnten – wie vom Autor wohl erhofft. Gar nicht zu reden von der Denunziation, die *realistisch* konstruktive Sicht hier als skeptische Position zu bezeichnen.

2.1.3 Bojowalds kosmologische Implikationen

Kanitscheider ist in Unendlichkeiten verliebt. Er fand die Versuche von Gustaf Järnefelt und Paul Kustaanheimo, den reellen Zahlenkörper durch ein endliches Galois-Feld

---

[22] Kanitscheider, *Natur und Zahl*, S. 249.

zu ersetzen bzw. die Differentialgleichungen durch Differenzengleichungen zu ersetzen, denn auch wenig anregend bzw. von starker „Voreingenommenheit gegenüber dem Unendlichen geprägt (…)"[23]

Er ist in diesem Zusammenhang der Meinung, dass „seit den 50er-Jahren des vorigen Jahrhunderts auch die Begeisterung für den Finitismus der Galois-Felder wieder abgeklungen" ist.

Diese Einschätzung könnte allerdings einer Voreingenommenheit seiner selbst zu verdanken sein, denn ein solcher Finitismus (mithilfe der Differenzenrechnung) ist geradezu *charakteristisch* für Martin Bojowalds Arbeiten zu den Raumzeit-Quantisierungen. Diese Bemühungen bewegen sich im Umfeld einer wirklich kritisch realistisch angelegten Loop Quantum Gravity (LQG), Abhay Ashtekar, Carlo Rovelli, Lee Smolin, Martin Bojowald, Fotini Markopoulou u. a., und in etwas anderer, aber nicht weniger realistischer Weise in der Causal Dynamical Triangulation (CDT), Renate Loll, Jan Ambjorn und Jerzy Jurkiewicz. Daraus wurde von Fotini Markopoulou die Quantum Graphity entwickelt (ein dann allerdings wieder eher platonischer Ansatz, der Graphen als fundamentale Entitäten in der Natur sieht) sowie ein physikalisch betonter Ansatz, die Causal Set Theory (CST) von Fay Dowker u. a. In diesen durchweg realistischen Ansätzen der Quantengravitation werden die Unendlichkeiten (Singularitäten von Druck, Masse, Energie), die sich aus kontinuierlicher Raumzeit ergeben, als inakzeptabel bzw. als ein Ausdruck der Grenzen der Allgemeinen Relativitätstheorie (bzw. der *Grenzlosigkeit* ihrer unlimitierten

---
[23] Kanitscheider, *Natur…*, S. 69.

Kontinuitätsvorstellung) interpretiert, so dass also explizit nach finiten Berechnungsmöglichkeiten gesucht wird.

Martin Bojowald argumentiert ähnlich kritisch wie Lee Smolin zum mathematischen Platonismus:

> Gerade in jüngster Zeit wird die Mathematik (…) zum Selbstzweck innerhalb der Physik – vor allem in der Forschung zur Quantengravitation, die derzeit noch keinen kontrollierenden Beobachtungen unterworfen ist. Mathematische Konsistenz dient dann als alleiniges Selektionskriterium zur Auswahl von Theorien.[24]

Aber die mathematische Konsistenz besagt eben noch nichts über die Konsistenz der jeweiligen Theorie in Bezug auf die materielle Wirklichkeit. Davon abgesehen ist aber auch schon die mathematische Konsistenz bei derartig komplexen Theorien nicht einfach festzustellen und so begnüge man sich häufig mit subjektiven Kriterien wie „Schönheit". Dabei werde die Realität leicht aus den Augen verloren (hier sind vor allem die Stringtheoretiker angesprochen):

> Wenn man einmal zu einer solch intimen Beziehung mit der Mathematik gekommen ist, werden die mathematischen Objekte leicht mit der Realität verwechselt. John Stachel spricht in diesem Zusammenhang vom Mathematik-Fetischismus: ‚Ich bezeichne als Mathematikfetischismus die Tendenz, mathematische Konstruktionen des menschlichen Hirns mit einem unabhängigen Leben und mit einer eigenständigen Macht auszustatten' (…) Bei all

---

[24] Martin Bojowald, *Zurück vor den Urknall*, S. Fischer Verlag GmbH, 2010, S. 91.

diesen Erwägungen ist es wichtig, in Erinnerung zu behalten, dass das Ziel der Wissenschaft ein Beschreiben der Natur ist, und die Natur hat sicher ihre eigenen Vorstellungen von Schönheit.[25]

In Bojowalds Version der Schleifen-Quantengravitation bspw. gibt es keine *kontinuierliche* Umwandlung von Zeit in Raum bzw. umgekehrt (also auch keine Differentialgleichungen). Er postuliert sowohl diskreten Raum als auch diskrete Zeitpunkte. Er *nennt* sie übrigens auch diskret, um ganz klar zu machen, dass es zwischen diesen Zeitpunkten „buchstäblich nichts gibt". Es gibt bei ihm eine Art Zeitgitter, das dafür sorgen soll, dass in beliebigen Raumzeitpunkten nur begrenzte Energie aufgenommen werden kann. So hat er eine Gegenkraft (gegen die berühmten Singularitäten von Dichte, Druck und Masse), die von der Raumstruktur selbst ausgeht: „Bei einem großen Universum geringer Energiedichte ist die Diskretheit unbedeutend, bei geringer Größe und hoher Energie aber entscheidend."[26]

Einsteins Zeit ist (abgesehen davon, dass sie ohnedies eher als Raum-Messungs-Parameter fungiert) kontinuierlich. Man kann also immer noch einen Zeitpunkt und damit auch Energie zwischen zwei beliebige Zeitpunkte quetschen. Dasselbe gilt bezüglich der Abstände für den traditionellen kontinuierlichen Raum, der keine Plancklänge als unterste, nicht weiter komprimierbare Einheit kennt. Das führt zu den unerwünschten Singularitäten bzw. zu den unerwünschten Unendlichkeiten von Druck und Energie bzw. Masse bei den Berechnungen.

---

[25] Bojowald, *Zurück*, S. 92.
[26] Martin Bojowald, *Zurück*, S. 138.

Bojowald betrachtet den Missbrauch von Unendlichkeiten in mathematischen Argumenten als „gefährliche Waffe". Diesen Missbrauch kennen wir schon seit Zenon. Parmenides ging bekanntlich davon aus, dass Bewegung eine Illusion sei, ebenso wie Zeit. Um Parmenides zu rechtfertigen bzw. um zu zeigen, das Bewegung eine Illusion ist, konstruierte Zenon seinen berühmten Wettlauf zwischen Achilles (dem schnellsten Mann der Welt) und der Schildkröte. Seine Geschichte geht so:

> Als fairer Sportler gibt Achill der schwächeren Schildkröte einen Vorsprung. Nach dem Start gelangt Achill schnell an den Startpunkt der Schildkröte, diese ist aber in der Zwischenzeit ein Stück weiter gekrochen. Achill benötigt etwas Zeit, um auch dorthin zu gelangen, doch die Schildkröte ist wieder weiter. Dies wiederholt sich unzählige Male, und so holt Achill die Schildkröte nie ein. Wenn aber der schnelle Achill die langsame Schildkröte nicht einholen kann, in Widerspruch zu unserer Erwartung an Bewegung, so kann die Bewegung selbst nur Illusion sein.[27]

Zenon präsentiert uns seinen Beweis in Form einer reductio ad absurdum – relativ zur bzw. als Negation der empirisch überwältigend gut gestützten Behauptung, dass es Bewegung gibt. Sein Trick geht von einer mathematischen Kontinuitäts-Vergewaltigung der Zeit (mithilfe der gesamten Menge der reellen Zahlen) aus:

> Er teilt nun den Zeitraum zwischen Start und Einholen in unendlich viele kleinere Intervalle ein und ändert eigen-

---
[27] Bojowald, *Zurück*, S. 95.

mächtig, aber nur gedanklich, den Fluss der Zeit. Anstatt die Zeit wie gewohnt vergehen zu lassen, springt er von jedem der Intervalle zum nächsten. Da die Intervalle immer kürzer werden, vergeht die Zeit in seinem Gedankengang anders als gewohnt; sie wird gegenüber unserer Zeit immer weiter verlangsamt. Damit führt er einen endlichen Zeitraum – die Zeit, in der Achill die Schildkröte einholt – in einen unendlichen über. Mathematisch gesprochen unternimmt er eine Koordinatentransformation, in der der endliche Zeitpunkt des Einholens auf einen unendlichen Wert der neuen Zeit abgebildet wird. Sein Argument findet dann in der neuen Zeit statt, in der der unendliche Wert in der Tat nie erreicht wird.[28]

Bojowald nennt das „Zenonsche Verzweiflung", was man für gut getroffen halten kann:

Viele der vorgebrachten Argumente können auf eine Zeit-Transformation reduziert werden, in der der endliche Zeitraum zwischen der Urknall-Singularität und der Zeit heute auf einen unendlichen abgebildet wird. In dieser Zeit betrachtet, fand der Urknall vor unendlich langer Zeit statt und damit zu keinem endlichen Zeitpunkt, also nie. Übersehen wird hierbei natürlich, dass nicht die neue, nur eine mathematische Rolle spielende Zeit ausschlaggebend ist, sondern die von uns wahrgenommene physikalische Zeit (auch Eigenzeit genannt). Einen in ein schwarzes Loch stürzenden Astronauten wird es kaum trösten, dass man seine geringe endliche Rest-Lebenszeit mathematisch auf ein unendliches Intervall abbilden kann.[29]

---
[28] Bojowald, *Zurück*, S. 95.
[29] Bojowald, *Zurück*, S. 96.

Diese kurze Analyse ist brillant. Bojowald ist nicht nur ein exzellenter Mathematiker, sondern auch ein Mann mit enormer physikalischer Intuition – schließlich hat er eine Lösung für seine Vereinfachung der Gleichung von Thomas Thiemann gleich mitgeliefert (unten). Das ist ja in der modernen Kosmologie alles andere als selbstverständlich. Alles schmeißt mit Gleichungen um sich, aber mit den Lösungen geht es dann häufig weniger gut voran.

Zu seiner Idee der positiven Zeit in unserem und der negativen im „umgestülpten" Vorgängeruniversum ist Bojowald übrigens durch Paul Dirac inspiriert worden, als der damit beschäftigt war, die Spezielle Relativitätstheorie (SRT) mit der Quantenmechanik (QM) zu vereinigen. Schrödingers Gleichung missachtete ja das *Quadrat* der Energie. In Diracs Gleichung ist die relativistische Relation berücksichtigt:

> Das Quadrat einer Zahl ist aber, im Gegensatz zur Zahl selbst, von deren Vorzeichen unabhängig … für jede Lösung der Schrödinger-Gleichung existieren also zwei Lösungen der Dirac-Gleichung, die sich in dem Vorzeichen der Energie und möglicherweise in dem ihrer Ladung unterscheiden …

So hat Dirac bekanntlich die Antimaterie vorhergesagt. Bei Bojowald lief das – nach eigenen Aussagen – ganz ähnlich:

> Ist nur das großskalige Verhalten zum Beispiel der kosmischen Expansion von Interesse, so ergeben sich entscheidende Vereinfachungen. Wenn diese einmal realisiert sind, so wird das Spektrum aller möglichen Volumina konkret und in allen Einzelheiten berechenbar. Zudem gibt es für

2 Im Reich des mathematischen Realismus …

jeden Wert des Volumens nur wenige Zustände, nämlich zwei (abgesehen von dem verschwindenden Volumen der Singularität, dem ein eindeutiger Zustand vergönnt ist).

Die Bemerkung bzw. der Scherz, dass der Singularität „ein eindeutiger Zustand vergönnt" sei, ist von Kanitscheider übrigens ernst genommen worden (in einer Sendung mit Bojowald im TV, bei der auch Kanitscheider anwesend war). Kanitscheider sagte jedenfalls sinngemäß, es wäre ja schön zu sehen, dass es die Singularität wirklich gebe. Worauf Bojowald antwortete: „Eigentlich ja nicht …"

Als Bojowald diese „merkwürdige" Verdoppelung der Zustände analysiert hatte, war ihm offenbar schon

deren mögliche Bedeutung für die Dynamik aufgefallen. Anstatt die Menge der Volumina als Zwillingspaar zweier einseitig positiver Achsen zu betrachten, die in der Singularität starten, können wir sie auch als eine ganze Achse positiver wie negativer Zahlen anordnen, bei der die singuläre Null nun in der Mitte und nicht am Rand zu liegen kommt.[30]

Und:

Es zeigt sich schnell, dass die zeitliche Entwicklung des Universums auch wirklich auf dieser langen Leiter stattfindet. Denn unter den symmetrischen Bedingungen des großskaligen Universums gelang es mir schließlich, auch die dynamische Gleichung, wie Thiemann sie für allgemeine Zustände aufgestellt hatte, weit genug zu vereinfachen,

---
[30] Bojowald, *Zurück*, S. 131.

um sie lösen zu können. Sie hat eine kompakte Form (einer Differenzengleichung), die mittlerweile in vielen wissenschaftlichen Arbeiten benutzt wird:

$$C_+ \Psi_{n+1} + C_0 \Psi_n + C_- \Psi_{n-1} = \hat{H} \Psi_n$$

Hierin symbolisiert Ψ den Zustand des Universums – die Wellenfunktion – an unterschiedlichen Werten n, die die Leitersprossen, also die Werte des Volumens, und durch das Vorzeichen die Orientierung angeben. Ferner treten Koeffizienten C_+, C_0 und C_- auf, deren Form die richtige Quantisierung der Einstein'schen Gleichung sicherstellt, und $\hat{H}$ beschreibt den Materiegehalt des Universums.[31]

Kanitscheider referiert natürlich auch selbst die „Quantenrevolution" und spricht von Plancks *nicht*-kontinuierlichen *finiten* Werten der Energie:

> Er sah sich zu der Hypothese gezwungen, dass die Resonatoren des schwarzen Körpers von einem äußeren, periodisch sich ändernden Feld Energie nur in bestimmten ganzzahligen Vielfachen eines konstanten endlichen Quantums (…) aufnehmen können.[32]

Er tut aber so, als wäre das ein kontingentes Einzelgeschehen und nicht eine Erkenntnis, die schon längst extrapoliert worden ist in alle wichtigen Überlegungen zur Quantengravitation. Ihn interessiert hier anscheinend wieder lediglich der mathematische Aspekt, nämlich, dass die Energie-Vielfachen *ganzzahlig* sind.

---

[31] Bojowald, *Zurück*, S. 132.
[32] Kanitscheider, *Natur und Zahl*, S. 71.

2 Im Reich des mathematischen Realismus ...

Überdies macht er sich Sorgen darüber, dass aus der Quantelung der Strahlung (bei Planck) Konsequenzen für die Mathematik abzuleiten wären, die dafür sorgen müssten, dass „die Variablen nicht den vollen Zahlenraum auffüllen."[33] Warum sollten die das bei der Beschreibung einer quantisierten Energie aber überhaupt tun? Hier geht es doch genau darum, dass zwischen den Energie-Quanten keine weiteren kontinuierlichen Energien existieren – er wünscht sich das aber anscheinend, nur um den Zahlenraum der reellen Zahlen ausfahren zu können, um zu seinen geliebten, aber völlig unklaren Unendlichkeiten in der Realität zu kommen. Ganz abgesehen davon, dass man sich fragt, wie er sich die Abbildung auf die Realität eigentlich vorstellt, angesichts der Tatsache, dass wir bei den reellen Zahlen schon zwischen 0 und 1 auf eine Unendlichkeit blicken. Das erinnert natürlich stark an Zenons unbedenkliche Unendlichkeits-Argumente, bei denen klammheimlich physikalische Eigenzeit gegen mathematisch unendliche Zeit ausgetauscht wird.

Im Übrigen kann man in Richtung der Platonisten wohl ganz allgemein sagen: Wir sind doch nicht die Diener eines Erkenntnisinstruments, auch wenn es sich dabei um die Mathematik handelt, sondern letzteres soll uns bei der Beschreibung der Wirklichkeit helfen. Und da haben wir es ganz sicher nirgends mit den *unabzählbaren Unendlichkeiten* der Reellen Zahlen zu tun. Das hat ja in der Anwendung auf den als kontinuierlich angenommenen Raum gerade zu den unerwünschten Singularitäten geführt und vorher schon zur Ultraviolett-Katastrophe. Die Einführung

---

[33] Kanitscheider, *Natur*, S. 73.

der Quantisierungen (in allen Bereichen) hat demgegenüber dafür gesorgt, dass wir den Zahlenraum nicht nur nicht mehr vollständig ausfüllen müssen, sondern auch *physikalisch nicht dürfen*, wenn wir die *Differenzengleichungen* als physikalisch adäquate Quantisierungs-Methode für Raumzeit-Atome ernst nehmen wollen – wie das in der Loop Quantum Gravity, der Causal Dynamical Triangulation und der Causal Set Theorie anscheinend geschieht.

2.2 Die Ansprüche, die auf den Naturalismus erhoben wurden

Ab S. 95 redet Kanitscheider explizit über Naturalismus. Allerdings unter dem Titel „Naturalismus in der Welt der Mathematik". Da erleben wir dann eine ähnlich überweite Interpretation des Naturalismus wie seinerzeit bei der sozusagen „eingemeindenden" Deutung des kritischen Rationalismus und des damit fest verknüpften kritischen Realismus durch die Nachfolger des Logischen Empirismus. Man versuchte, möglichst ohne Fehlereingeständnis zum Falsifikationismus überzugehen, ohne den Verifikationismus aufzugeben (obwohl der logisch nirgends durchführbar ist). Das führte zu erheblichen Problemen, da der Verifikationismus fest mit dem Induktivismus verknüpft war, und der sollte nicht wirklich aufgegeben werden. Es wurde trotzdem der recht verzweifelte Versuch gemacht, den kritischen Rationalismus/Realismus, in Positionen der analytischen Philosophie (also Sprachphilosophie und Logischen Empirismus – beides klar antirealistische Positionen) einzugemeinden.

Rudolf Carnap war wohl der erste, der sich darin versuchte. Den meisten logisch-empiristischen Autoren fiel allerdings sehr schnell auf, dass das genau genommen ein Ding der Unmöglichkeit war. Sie wanderten dann reihenweise in verschiedene Formen des erkenntnistheoretischen Pragmatismus bzw. Wahrheitsrelativismus aus und versuchten da die Methodologie des Falsifikationismus irgendwie zu integrieren[34]. Aber diesen Begriff führt man als Antirealist bzw. Wahrheitsrelativist natürlich ebenfalls nur unnütz im Munde. Etwas Ähnliches scheint Kanitscheider dessen ungeachtet hier mit dem Naturalismus vorzuhaben. Ab S. 105 redet er zu diesem Zweck über einen *methodologischen* Naturalismus, der schon bei Rudolf Carnap formuliert war. Das kann man natürlich methodologischen Naturalismus nennen. Methodologisch war der allerdings nur insofern, als alle Logischen Empiristen an den Naturwissenschaften orientiert waren, aber letztlich nur *begründungs*-theoretisch im Auftrag des *Sensualismus* sozusagen. Erst durch Quine sei „den Wissenschaftsphilosophen die Scheu genommen worden, auch über das zu reden, was es gibt, und nicht nur darüber, wie sich die Dinge in der Erfahrung zeigen." Genau diese *ontologische* Wendung wurde aber erst durch Karl R. Poppers konsequenten Fallibilismus und Falsifikationismus möglich – obwohl Popper den Begriff Ontologie aufgrund des vielfältigen historischen Missbrauchs nicht mochte, sollte man vielleicht hinzufügen. Kanitscheider behauptet indessen, dass Quine „auch an der Ausarbeitung des Naturalisierungs-Programms" gearbeitet hätte: „So hat

---

[34] Norbert Hinterberger, *Der Kritische Rationalismus und seine antirealistischen Gegner*, Rodopi, 1996, S. 366 ff.

er den ersten bemerkenswerten Vorstoß in Richtung auf eine naturalisierte Erkenntnistheorie gemacht." (S. 105). Eine Seite weiter schreibt er über Quine: „Hier legt er einen dezidierten Sensualismus zugrunde." Wir wissen aber, dass der Sensualismus eine antirealistische bzw. positivistische Position war, die eben nicht von den Dingen an sich, auch nicht in hypothetischer Form, sondern lediglich von unserer Art der Erfahrung mit ihnen sprach – ganz wie schon Rudolf Carnap und der gesamte Wiener Kreis (bzw. der „Mach-Verein"). Die Bezeichnung Sensualismus ist einfach nur ein anderes Wort für den Logischen Empirismus – es handelt sich um eine positivistische d. h. antirealistische Erkenntnistheorie, die man *methodologisch* naturalistisch nennen kann, wenn man möchte, aber eben nicht *ontologisch*.

Vorher bemerkte Kanitscheider schon,

> dass Wissenschaftsphilosophen die Phänomenologie der mathematischen Entdeckung nicht berücksichtigen wollen und fast durchweg in den psychologischen, ontologisch irrelevanten Bereich abschieben.[35]

Damit kritisiert Kanitscheider aber de facto lediglich den sogar *ihm* nun zu engen Empirismus von Carnap und Quine und später Stegmüller, den er selbst früher vertreten hatte. Die Kritik am Antirealismus der Logischen Empiristen ist natürlich adäquat, denn der war psychologistisch (er hat sich schließlich aus dem Behaviorismus entwickelt), aber er greift hier außerdem die gesamte Psychologie an, als hätte die sich seit dem 19. Jahrhundert nicht weiter entwickelt.

---

[35] Kanitscheider, *Natur*, S. 106.

Moderne Psychologie ist inzwischen aber ganz allgemein in der Biologie und im Besonderen in der Neurophysiologie verankert – für einen Monisten der Materie allemal. Eingebettet ist das ganze außerdem in die Evolutionstheorie, die als Metatheorie der gesamten Biologie fungiert – nämlich als phylogenetisch entwicklungstheoretische Erklärungsebene für die Funktions-Mechanismen in Lebewesen als Resultat ihrer aktiven Anpassungen. Anders gesagt, was soll an psychischen Phänomenen *als Funktionen des Gehirns* ontologisch irrelevant sein?

Wir haben schon gesehen, dass Kanitscheider nicht in der Lage ist, die von ihm gesuchten Orte für Abstraktionen der Mathematik widerspruchsfrei in der Physik anzusiedeln, ganz einfach, weil er (jedenfalls implizit) einen diffus „quasi-materiellen" Charakter der Abstraktionen behauptet, durch seine Vorstellung, sie wohnten der Materie wesentlich inne, seien ihr also „intrinsisch". Andererseits muss er natürlich einräumen, dass eine Zahl schlicht eine Abstraktion ist bzw. dass sie konstruiert ist und, sofern es sich um eine natürliche Zahl handelt, diese Konstruktion überdies wohl empirisch inspiriert ist. Das allerdings nicht durch Zahlen, die auf dem Felde wachsen, sondern durch unsere Art etwelche Mannigfaltigkeiten und natürlich auch gleiche Gegenstände in ihrer Menge abzuschätzen, nachdem wir sie klassifiziert also in ihrer Art benannt haben. Das können übrigens auch schon Vögel – es gibt hier eine Menge neuerer Untersuchungen zum simultanen Zählen bzw. Abschätzen. Nichtsdestoweniger soll die Zahl bei Kanitscheider, genau wie seine Klassen, doch irgendwie quasi-materiell existieren, zumindest irgendwie gleichberechtigt neben Äpfeln und Bergen. Man kann einen faktischen

Dualismus von Gegenstand und Abstraktion aber nicht monistisch erscheinen lassen in einer „gemeinsamen Ontologie", wie er sich das wohl vorstellt. Der Grund für seine Sehnsucht nach diesem seltsamen Pseudo-Monismus ist klar, nämlich das Wechselwirkungsproblem (Materie mit Nicht-Materie) verschwinden zu lassen.

In Bezug auf das Gehirn bspw. hat er das Problem ja längst eingesehen:

> Wie der Bremer Neurobiologe Hans Flohr gezeigt hat, sind es selbstreferenzielle Strukturen im Nervensystem, die mit dem Bewusstsein identisch sind. Die intuitive Vorstellung einer autonomen immateriellen Innenwelt ist damit schlichtweg überholt. Mentalität ist spezifisch strukturierte Materie.[36]

Ich hätte es nicht schöner sagen können. Ich würde allerdings doch lieber schlicht von *wechselwirkender Materie* reden wollen, damit mit dem unschuldigen Begriff der Struktur nicht weiter antirealistisch Schindluder getrieben werden kann. So hätte man jedenfalls den Monismus der Materie bzw. Energie verwechslungsfrei formuliert.

Unmittelbar darauf müssen wir aber ohnedies feststellen, dass er diese Aussagen lediglich als Sprungbrett für einen *idealistisch erweiterten Naturalismus* verwenden möchte:

> Falls nun das Projekt eines einheitlichen Naturalismus Erfolg haben soll, müssen auch die Formalwissenschaften unter diesem Dach untergebracht werden, man muss für Quantitäten, Strukturen und auch für den Informations-

---

[36] Kanitscheider, *Natur*, S. 112.

begriff einen Ort finden. Wenn es abstrakte Objekte gibt, müssen auch sie – und sei es als Gestaltungen der Dinge – in den Gesamtverband der Natur einquartiert werden.[37]

Auf mich machen diese Forderungen einen geradezu hilflosen Eindruck. Insbesondere da er ja gerade einen geeigneten Ort für all diese Dinge aufgesucht hat, nämlich das Gehirn: wiederum unbeeindruckt anscheinend. Da werden nämlich all diese Konstruktionen erzeugt. Gedanken und Vorstellungen bzw. Abstraktionen *sind* diskret betrachtet biochemische Funktionen des Gehirns.

Auch auf die Gefahr hin, mich zu wiederholen: alle anderen Ideen dazu implizieren Wechselwirkungen zwischen Materie und Nicht-Materie. So etwas kennen wir aber weder in der Physik noch in der Chemie, noch in der Biologie und natürlich auch nicht in den Geisteswissenschaften, denn die stellen für einen *kritischen* Naturalisten (wie ich das ab jetzt mal sicherheitshalber nennen möchte – um mich vor Verwechselungen mit Kanitscheiders antirealistischen Varianten zu schützen) nur andere Sprachebenen für die vorgenannten Wissenschaften dar. Da wo es keine klaren Abbildungen auf die materielle Welt gibt, muss man selbstverständlich die *geisteswissenschaftlichen* Begriffe korrigieren bzw. man muss sie vollständig entfernen, wenn sie lediglich auf die leere Menge abzubilden sind. Naturwissenschaftliche Begriffe werden sinnvoll nur von reproduzierbaren Beobachtungen bzw. Experimenten her korrigiert, denn als jeweils *fundamentale Diskretisierung* betrachten wir ohnedies nur die Materie. Auch eine formale Wissenschaft

---

[37] Kanitscheider, *Natur*, S. 112.

wie die Mathematik ist so (also konsequent evolutionär-erkenntnistheoretisch betrachtet) aus bestimmten Funktionen bestimmter biologischer Systeme zu erklären. Alles andere hätte nichts mit einem *realistischen* Naturalismus zu tun, sondern könnte wohl fehlerfrei einem *mystischen* Naturalismus zugeschlagen werden – wir sollten nicht vergessen, das es so etwas ja schon gab, im Mittelalter – und im Übrigen immer noch gibt: in jeder New-Age-Buchhandlung.

Auch Kanitscheiders Versuch, eine Trennung von Epistemologie und Ontologie für den Objektstatus der mathematischen Begriffe nutzbar zu machen, ist deshalb nicht überzeugend. Die Epistemologie verwaltet eine erkenntnistheoretisch relevante Behauptungsmenge. Eine bestimmte Untermenge dieser Erkenntnisaussagen bezieht sich direkt auf die Ontologie, also auf die Welt der Materie/Energie und ihrer Wechselwirkungen. Sofern Aussagen mit ihr in korrekter Weise korrespondieren bzw. einen bestimmten Wirklichkeitsaspekt richtig darstellen, nennen wir sie wahr. Das ist der Wahrheits*begriff* des kritischen Realismus. Ein Wahrheits*kriterium* (also die Möglichkeit nun auch mit Sicherheit sagen zu können, *dass* eine bestimmte Aussage *p* wahr sei) besitzen wir dadurch nicht. Deshalb „bleibt alles durchwebt von Vermutung" – wie schon Xenophanes wusste. Der Rest der Epistemologie ist entweder *rein* logischer Natur (also trivial wahr) oder mathematischer Natur, also wahr oder aber falsch Die Möglichkeit der Falschheit mathematischer Aussagen konnten wir besonders prägnant in der so genannten „Krise der Mathematik" um 1900 an den nicht-widerspruchsfreien Mengenlehren kennenlernen, von der nicht nur Intuitionisten wie Hermann Weyl geschockt waren.

2 Im Reich des mathematischen Realismus ...

Kanitscheider ist auch in der folgenden Hinsicht ganz Idealist und Logizist bzw. durchaus der Meinung, dass *die Naturalisten* sich einen neuen Job suchen müssten, wenn sich ein Widerspruch zu mathematischen Resultaten zeigen sollte:

> Denn wenn hier ein eklatanter Widerspruch bestünde, müsste der Naturalist seine Position überdenken, gerade, weil die exakten Wissenschaften für ihn Referenzdisziplinen sind.[38]

So etwas kann man aber schon deshalb nicht grundsätzlich sagen, weil wir wissen, dass man in der Mathematik eben genauso Fehler machen kann wie sonst wo, weil sie als konstruktiv bzw. als quasi-empirisch aufgefasst werden kann und also ebenfalls als fallibel, wie Imre Lakatos sagen würde.[39] Es gibt auch eine sehr interessante Kritik von Thomas Rießinger an Kanitscheiders Sicherheitsdenken bezüglich seines Platonismus, in der auf die Fallibilität der Mathematik im Allgemeinen und speziell auf die Unsicherheit von Beweisen eingegangen wird.[40]

Wir wissen darüber hinaus, dass bspw. die Euklidische Geometrie keine geeignete Referenz für die Gravitationstheorie Einsteins war. Hier hätte aber – nach Kanitscheider – der Naturalist Einstein seine Position gegenüber der Euklidischen Geometrie überdenken müssen. Wir sehen, die ganze Maxime ist unstimmig, wenn wir mehrere

---

[38] Kanitscheider, *Natur*, S. 99.
[39] Imre Lakatos, *Mathematik, empirische Wissenschaft und Erkenntnistheorie*, 1982, S. 34 ff.
[40] Thomas Rießinger, „Wahrheit oder Spiel – Philosophische Probleme der Mathematik", in *Aufklärung und Kritik*, 2/2010, S. 42 ff.

mathematische Beschreibungen vor uns haben, die *in sich* zwar stimmig sind, von denen aber nur eine auf unsere Wirklichkeit passt, also nur eine die gesuchte Referenz darstellt. Nur für einen reinen Platonisten oder Logizisten ist das anscheinend schwer verständlich, denn für ihn ist Mathematik mit Logik *identisch*. Wir wissen, wie Tegmark das Problem gelöst hat, bei ihm müssen einfach so viele Welten her wie es mögliche Geometrien gibt.

Erst *nach* der obigen Bemerkung stellt sich für Kanitscheider anscheinend die Frage, worin eigentlich das „Wesen des Naturalismus besteht"?

In diesem Zusammenhang referiert er die bekannte naturalistische Annahme, dass es „überall auf der Welt mit rechten Dingen zugeht." In einer Fußnote merkt er allerdings an, „dass dieser Satz mehr Gehalt vortäuscht, als er hergibt." Ja, könnte man sagen: wenn man sich nicht auf die materiellen Dinge bzw. Prozesse beschränken mag, dann kann es *allerdings* schnell unklar und/oder Gehalt vortäuschend werden. Er räumt zwar ein,

> dass durch eine solche Forderung esoterische, gespenstische, übersinnliche Phänomene ausgeblendet werden, die schon im Alltag schief angesehen werden und in der Wissenschaft sowieso nicht ernst genommen werden.[41]

Er fährt allerdings fort:

> Es bleibt aber bei dieser Redeweise offen, worin denn nun eigentlich die ‚rechten Dinge' bestehen.

---

[41] Kanitscheider, *Natur und Zahl*, S. 100.

Wir (damit meine ich vermutlich die Kritizisten aller Länder) würden vorschlagen, dass die *materiellen* Dinge die rechten sein sollten ..., damit man die Obskurantismen, die man ausschließen möchte, auch von einer *diskutablen* Basis her ausschließen kann.

Dann spricht er von Molekülen und mikroskopischer Welt als von theoretischen Entitäten. Von den Alltagsgegenständen der Erfahrung führe

> eine kontinuierliche Stufenleiter in den Bereich der theoretischen Entitäten der molekularen und mikroskopischen Welt.

Dazu könnte man sagen: *Sogar* Ernst Mach war am Ende bereit, die materielle Existenz von *Atomen* einzuräumen, als man ihm immer mehr indirekte Hinweise präsentierte. Kanitscheider möchte aber offenbar sogar im Hinblick auf ganze *Moleküle* seinen uneingestandenen Antirealismus nicht wirklich aufgeben (und das im Zeitalter der Raster-Tunnel-Mikroskopie), denn der Begriff des Realismus und auch der des Naturalismus waren bei ihm bisher von keiner wirklich realistischen Konnotation getrübt. Ich muss allerdings zu meiner Schande gestehen, dass ich das erst sehr spät bemerkt habe. Vor noch gar nicht so langer Zeit war ich der Meinung, dass er die Philosophie Poppers in irgendeiner Form weiterführen möchte – weil ich glaubte, dass er einen realistischen Naturalismus wie etwa Gerhard Vollmer vertritt. Von dieser Vorstellung bin ich inzwischen allerdings restlos geheilt.

Die modernen Kritizisten in Wissenschaft und Philosophie verstehen den Naturalismus als eine kritische realistische

Position, für die ein materialistischer Ansatz zentral sein muss. Sicherheitshalber nennen wir ihn deshalb vielleicht *materialistischer* oder *kritischer Naturalismus* (obwohl sich ersteres wohl *einigermaßen* tautologisch anhört). Versuche, über mikroskopisch sichtbare Dinge so zu reden als wären sie bislang rein theoretische Entitäten, sollten von einem modernen Kritizismus aus als Immunisierungs-Versuche gegen unlimitierte kritische Diskussionen bzw. gegen mögliche Falsifikationen zurückgewiesen werden. Es genügt für einen Kritizisten oder eine Kritizistin vollkommen, dass sie ihre jeweilige Materieauffassung standardmäßig der Kritik und vor allem dem Experiment aussetzen und auch immer in dieser Weise offen halten. Das ist aber für einen konsequenten fallibilistischen Falsifikationismus ohnedies Programm. Immunisierungs-Verrenkungen wie die, Atome oder gar Moleküle als „theoretische Entitäten" zu bezeichnen, sollten wirklich der Vergangenheit angehören.

Die Rekrutierung älterer Empiristen wie Ernest Nagel oder Roy Wood Sellars, die sicherlich über *methodologische* Qualitäten verfügten, scheint aus dieser Sicht ebenfalls kontraproduktiv. Sie haben zwar richtigerweise ihr Vertrauen in die Naturwissenschaften ausgedrückt, indem sie die Gesamtheit aller Naturwissenschaften für ausreichend gehalten haben „um nach und nach alle Phänomenbereiche kognitiv erfassen zu können" (Ernest Nagel). Sellars hatte auf dieser rein methodologischen bzw. phänomenologischen Ebene – wie erwähnt – schon 1922 eine Idee zu einem „Evolutionary Naturalism". Aber ihr Naturalismus-Ansatz *verblieb im Phänomenbereich*, also im sensualistischen Antirealismus. Seinerzeit, in dieser logisch-empiristisch pragmatistischen Szene, fiel das nicht weiter auf, denn deren Wahrheitsbegriff forderte zwar, dass die „Wahrheit eines Satzes in der Methode seiner Verifikation" liegen sollte. Aber das war eine typische Schuldscheinphilosophie, wie Karl Popper das zu Recht genannt hat. Denn unter Verifikation verstand man induktivistische Beobachtungsreihen, denen in ihrer abschließenden Verallgemeinerung jede logische Schlüssigkeit fehlte (: ungültiger Schluss vom Besonderen auf das Allgemeine), und die deshalb ohnedies „am Ende des Tages" konventionell bzw. pragmatistisch „verifiziert" werden mussten. Heute können wir diese rein analytisch sprachphilosophischen Bemühungen nicht mehr als geeignete Erkenntnisstrategien erkennen. Durch ihr positivistisches Verständnis der Phänomene waren sie schlicht unexperimentierbar bzw. nicht überprüfbar. Anders gesagt, es standen lediglich subjektive Erlebnisse zur Diskussion.

Einige Seiten weiter räumt Kanitscheider auch selbst ein:

Der methodologische Naturalismus gründet in der Tendenz des Logischen Empirismus, philosophische Thesen möglichst ohne Bezug auf eine bestimmte Ontologie zu formulieren. Existenzfragen, z. B. über abstrakte Objekte waren nach Rudolf Carnap ohne die vorgängige Festlegung eines sprachlichen Rahmens gar nicht beantwortbar: Erst wenn dieser durch eine pragmatische Entscheidung gewählt worden ist, lässt sich danach die interne Frage – genau genommen im trivialen Sinn – beantworten. Indem Quine darauf hinwies, dass es keine scharfe Unterscheidung zwischen den externen Fragen des Sprachrahmens und den internen Hypothesen innerhalb desselben gibt, wurde den Wissenschaftsphilosophen die Scheu genommen, auch über das zu reden, ‚was es gibt'.[42]

---
[42] Kanitscheider, *Natur und Zahl*, S. 105.

Alles richtig, bis auf die Behauptung, dass es Quine war, der hier gewissermaßen den Mut zu direkten Fragen zur Realität befeuert habe. Diese Entwicklung hat es – wie schon erwähnt – erst durch Karl Poppers Philosophie gegeben. Carnap hatte Poppers scharfe Kritik am Induktivismus und Verifikationismus des Wiener Kreises zwar ernst genommen und auch die Alternative – nämlich den Falsifikationismus – in groben Zügen verstanden, aber er hat nicht verstanden, dass aus einem konsequent fallibilistischen Falsifikationismus das Todesurteil nicht nur für den induktivistischen Verifikationismus der Logischen Empiristen sondern für jede Form von Begründungsphilosophie folgt, und zwar gleichgültig, ob die nun realistisch oder antirealistisch aufgestellt ist. Denn der Falsifikationismus war von Anfang an konsequent fallibilistisch formuliert und setzt dafür *realistische* Aussagen und einen *absoluten* Wahrheits*begriff* als notwendige Bedingung voraus. Niemand aus dem Wiener Kreis und auch niemand unter seinen Nachfolgern hätte das akzeptieren können. Vom Pragmatismus war man nur spöttische Redensarten bezüglich des Wahrheitsbegriffs gewohnt. Und Aussagen waren nur zu den Phänomenen erlaubt. Das galt auch für die nachfolgende Generation – Wolfgang Stegmüller hatte in einem Gespräch mit Hans Albert offenbar einmal die Meinung vertreten: „Wahrheit ist doch eher was für die Kirche …"[43]

Wie man den Mut entwickelt, alle seine Aussagen als hypothetisch zu betrachten bzw. einzusehen, dass man sich *immer* irren kann, hätten sie von Popper lernen können. Stattdessen haben sie von dem Fetisch der Sicherheit in den

---

[43] Hans Albert in einem Brief an mich.

Wirklichkeits-Aussagen nicht lassen können. Sicherheit ist indessen nur tautologisch zu haben. Deshalb sind auch die Nachfolger des Logischen Empirismus allesamt in der analytischen Philosophie mit ihrem Begründungsanspruch verblieben. Die Suche nach Sicherheit ist im Übrigen eine theologische Erbschaft. Das ist von Hans Albert wunderbar klar behandelt worden.[44] Das hat die ersten Erben der Theologie – die deutschen Idealisten in der Philosophie – nicht weiter gestört. Sie wollten sich ja gar nicht so weit von der Glauberei (jedenfalls wohl an *ihre* jeweiligen ideellen Objekte) entfernen. Den meisten Positivisten wäre das aber sicherlich nicht besonders sympathisch gewesen, wenn sie es denn realisiert hätten. Denn schließlich wollten sie den gesamten deutschen Idealismus (Fichte, Schelling, Hegel, Heidegger und Konsorten, eben diese leeren Mengen der Erkenntnis) und insbesondere die theologischen Varianten loswerden. Darüber waren sie sich mit ihren Kritikern, den kritischen Rationalisten ja sogar völlig einig (seinerzeit bestand die „offizielle Opposition" des Wiener Kreises allerdings nur aus Popper). Auch politisch waren beide Gruppen durchweg liberal eingestellt bzw. haben nicht geglaubt, dass man für die Aufklärung noch eine (insbesondere reaktionäre) „Gegenaufklärung" braucht, wie sie etwa von der so genannten „Kritischen Theorie" und vom soziologistischen Strukturalismus aus Frankreich herum geboten wurde. Die Philosophen der Kritischen Theorie sowie die französischen Autoren waren allesamt Romantiker. Aber nicht im Stil des unschuldigen Liebespaares unter dem Mond, sondern eher

---

[44] Hans Albert, Kritik der reinen Hermeneutik, J. C. B. Mohr, Tübingen 1994, S. 95 ff.

im politisch abenteuerlichen Gravitationsfeld des Brutal-Romantikers Stalin gelegen.

Ihren Antirealismus hielten die Empiristen dagegen nicht für problematisch. Sie dachten, Phänomene wären eben das einzige worüber man sprechen könne. Sie haben auch die Naturwissenschaften so interpretiert, als würde da nur über die Phänomene gesprochen. Sie waren allerdings auch Zeitgenossen einer (zumindest bei den „Kopenhagenern" und „Göttingern") phänomenologisch geprägten theoretischen Physik. Ähnlich war es schon bei den Aufklärungsphilosophen selbst. *Normativ* lief alles gut. Auf der politisch-ethischen Seite sind aus ihren Bemühungen letztlich für ganz Europa demokratische Institutionen entstanden mit den Menschenrechten als Flaggschiff in den Verfassungen.

Auf der *erkenntnistheoretischen* Seite wurde aber unglücklicherweise die „Philosophie des Alltagsverstandes" favorisiert (Wie Popper das genannt hat[45]). Die Einsicht in die wichtige Strategie der Selbstbefreiung durch den eigenen Verstand (über die auch Immanuel Kant soviel Treffendes zu sagen wusste) hat in *ethisch-rechtlicher* Hinsicht zu der gesunden Überzeugung geführt, dass es keine (bzw. nur angemaßte) Autoritäten gibt: „Du selbst kannst alles für dein Leben Wichtige entscheiden, weil Du mit eigenen Augen sehen kannst, was Recht und Unrecht ist." Leider hat die bedenkenlose Verallgemeinerung dieser normativ durchaus richtigen und fruchtbaren Methodologie zu einer kritiklosen Haltung bei der Übernahme in die Erkenntnistheorie geführt, im Stile von: „Du kannst Dir *sicher* sein, das

---

[45] Karl R. Popper, *Die offene Gesellschaft und ihre Feinde*, Francke Verlag, München, 1958.

deine Sinne dich nicht betrügen." Das war die naive Erkenntnistheorie des Alltagsverstandes, die Sicherheit für die Erkenntnisse zu garantieren schien, der Ideismus von John Locke und David Humes Sensualismus, aus dem sich später der Logische Empirismus entwickelt hat. Die Suche nach Erkenntnis-Sicherheit und besonders der Glaube, sie zu besitzen, ist indessen überall schädlich: In der Erkenntnis führt sie in den Dogmatismus, in der Außenpolitik führt sie zur Hochrüstung und in der Innenpolitik zum Polizeistaat.

2.2.1 Die Strukturaddition zum rein empiristischen Antirealismus

Dass Quine (abgesehen von seiner antirealistischen Interpretation des Naturalismus) einen materiell *monistischen* Zusammenhang für Erkenntnisvorgänge angenommen hat, also gezeigt hat, dass er in diesem Zusammenhang durchaus ohne immaterielle „Mathematica" auskommt, findet Kanitscheider defizitär. Er referiert ihn zunächst:

> Hier legt er einen dezidierten Sensualismus zugrunde. Der Erkenntnisvorgang muss als Wirkzusammenhang, als kausaler raumzeitlicher Prozess zwischen einem materialen System und einem Sensorium verstanden werden, das in der Lage ist, Informationen zu speichern. Erkenntnis ist danach ein Informationsstrom zwischen zwei materialen Systemen, ein Austauschvorgang, der nicht aus den anderen natürlichen Prozessen heraus fällt.[46]

---

[46] Kanitscheider, *Natur und Zahl*, S. 106.

Was hier aus Sicht eines kritischen Realismus kritisiert werden müsste, nämlich der *Mechanismus*, der von Quine angeboten wird, wird von Kanitscheider gar nicht als fehlerhaft gesehen. Quine formuliert zwar korrekt monistisch materialistisch, aber er geht biologisch implausibel von einem „Informationsstrom" von einem materialen System zu einem Sensorium aus. Mit letzterem ist sicherlich ein Erkennender gemeint, mit ersterem ein zu erkennendes Materieobjekt. Nun kann man bei einer biologischen Erkennung durch ein Gehirn nicht einfach davon ausgehen, dass irgendwelche Photonen, die auf eine Netzhaut treffen, *für ein Gehirn* schon per se Information tragen. Physiker können hier von einer *physikalischen* Information sprechen, nämlich von einer Übertragung eines Flusses von Quanten der elektromagnetischen Kraft. Diese Kraft wird natürlich auch auf das Auge übertragen, taucht also auch biologisch auf. Aber das Gehirn kommt dadurch nicht in den Genuss einer Erkenntnis über das betrachtete Objekt. Übertragen wird hier nur ein Photonenstrom, der vom Objekt reflektiert wird und in das Auge des Betrachters fällt. Das ist aber *kein Informationsstrom in einem biologischen Sinn*, denn das vom Gegenstand reflektierte Licht bzw. das Bild muss dazu erst vom Gehirn interpretiert werden, was die Form oder die Beschaffenheit oder die Klasse des Gegenstandes angeht. Das Licht allein fällt nur als Energiestrom ins Auge, nicht etwa als erkenntnisrelevanter Informationsstrom. Das menschliche Gehirn ist nicht von ungefähr der komplexeste Interpretationsapparat, den wir kennen. Augen registrieren nur die Frequenz des Lichts, erst das Gehirn macht daraus intersubjektiv (aber nichtsdestoweniger subjektiv) Farben, sozusagen als Empfindungsreaktion auf die jeweilige

Frequenz. Die Verteilung der jeweiligen Photonen macht dann noch ein paar Kanten, die das Auge selbst weitergeben kann. Erst das Gehirn macht sich daraus aber ein im Übrigen immer fallibles *Bild*. Denn diese Bilder sind Interpretationen, die in phylogenetischen Zeiträumen entwickelt wurden und im Laufe der ontogenetischen Entwicklung eines Menschen immer wieder überarbeitet werden müssen durch ständiges Lernen, um zu einer so umfassenden Interpretation zu werden, wie wir sie von Menschen gewohnt sind. Das daraus resultierende *Hintergrundwissen* schlüsselt die Photonenströme dann zu vermuteten Gestalten auf. Die biologischen Informationsströme fließen also nicht vom zu erkennenden System zum erkennenden, sondern von bestimmten Orten in ein und demselben Gehirn zu anderen bestimmten Orten in eben diesem Gehirn (das Auge wird hier als Außenstation des Gehirns betrachtet). Darauf deutet auch die Verknüpfungsanlage bzw. die Vernetzung in Gehirnen hin. Die meisten Verbindungen (etwa 80 %) sind hirn*intern*. Sie sind für die Interpretationsarbeit da. Für durch die Sinnesorgane eingehende und in die Muskeln abgehende Signale sind nur etwa 20 % der Verknüpfungen angelegt.

Kanitscheider regt sich in diesem Zusammenhang aber eben lediglich darüber auf, dass „die Wissenschaftsphilosophen die Phänomenologie der mathematischen Entdeckung nicht berücksichtigen wollen und fast durchweg in den psychologischen Bereich abschieben."

Wir haben schon diskutiert, warum das so verkehrt nicht ist, wenn man die psychologischen Prozesse mit hirnorganischen *identifiziert*.

An anderer Stelle findet er, dass man mithilfe einer begrifflichen Unterscheidung durchaus in der Lage sei, die Spannungssituation zwischen Naturwissenschaft und Theologie zu entschärfen, und hat dafür (wie schon für den Realismus) eine moderate bzw. „schwache" Version parat:

> Wenn ihre Vertreter sich überreden ließen, eine schwache Form des Naturalismus zu akzeptieren, wonach nur das Innere des physikalischen Universums frei von übernatürlichen Entitäten und gesetzesverletzenden Vorgängen wäre und sie alle Arten von spirituellen metaphysischen Prozessen in die Transzendenz verlagerten, eben in ein ‚Reich nicht von dieser Welt', wäre eine friedliche Koexistenz des Naturalen und Supranaturalen erreichbar.[47]

Man fragt sich, ob er völlig vergessen hat, wie der Naturalismus ursprünglich definiert wurde, nämlich eben so, dass es *überall* „mit rechten Dingen zugehen" sollte, ganz sicher aber wohl nicht um Reiche, „nicht von dieser Welt" …

Man fragt sich außerdem, was die Theologen wohl davon haben sollten, ihre Thesen plötzlich als pure Phantasie betrachten zu sollen, nachdem sie sich zwei Jahrtausende physikalisch unplausibelst dahinein gesteigert haben. Man fragt sich das insbesondere, da er unmittelbar darauf selbst einräumt, dass die Theologen eben auch sehr an der empirischen Welt hängen:

> … aber dort stoßen sie natürlich auf die Konkurrenz der Naturforscher. Wenn sie, wie jüngst wieder Kardinal Schönborn, der Evolutionstheorie den Rang streitig ma-

---

[47] Kanitscheider, *Natur und Zahl*, S. 136.

chen, *allein* für die Entstehung der Arten und die besonderen Fähigkeiten der höheren Säugetiere maßgebend zu sein, ist der Konflikt unausweichlich.[48]

Kommt man zum Ende der Seite, wird klar, dass er damit eigentlich nur irgendwie um gut Wetter für die folgende Behauptung in eigener Sache (die in der Materie intrinsische Mathematik) bitten wollte:

> Dagegen kann eine Verankerung abstrakter Strukturen in der Materie als durchaus vereinbar mit diesem Grundsatz angesehen werden, denn eine solche Stützung verletzt keine Erhaltungssätze, im Gegenteil: Letztere sind für unseren Materiebegriff eigentlich erst konstitutiv.

Falls der eine oder andere Leser immer noch geglaubt haben sollte, Kanitscheider meint das alles irgendwie metaphorisch, wird er wohl spätesten hier enttäuscht, denn er redet tatsächlich explizit von der „Verankerung abstrakter Strukturen in der Materie." Man könnte sagen: Umgekehrt wird ein Schuh daraus, und das auch erst, nachdem man von der Begriffsebene auf die Materie-Ebene gegangen ist: *Materie* bzw. Energieerhaltung, Spinerhaltung usw. sind konstitutiv für die entsprechenden Gesetze. Aber hier sieht man natürlich auch sehr schön, dass er die Begriffsebene überall zusätzlich braucht für seine seltsamen Fusionen: In beiden Fällen (also bei Naturwissenschaft plus Theologie sowie bei Materie plus Mathematik) geht es um eine doch irgendwie immer *dualistische* Strategie. Und ich werde den Verdacht nicht los, dass er den ja vor allem inhaltlich völlig

---
[48] Kanitscheider, *Natur*, S. 136.

absurden Versöhnungsvorschlag von Naturwissenschaft mit Theologie nur gemacht hat, damit sein Dualismus von Materie und Mathematik *relativ dazu* nicht ganz so implausibel wirkt. Der *schlimme* Dualismus-Vorwurf wird nun einfach gegen andere gerichtet:

> Der Unterschied liegt eben darin, dass eine materiale Teleologie der Natur einen Dualismus von planender Instanz und intendiertem zu planendem System voraussetzt, wohingegen ein strukturaler Realismus, wie ihn Michael Resnik oder John Burgess vertritt, Naturalismus-kompatibel ist und keine ontologische Spaltung bedingt.[49]

Man weiß zwar nicht, inwiefern teleologische Vorstellungen (nicht zu verwechseln mit *ontogenetisch teleonomischen*, im Sinne von Jaques Monod) überhaupt noch in der Diskussion stehen sollten, es sei denn, um wieder *relativ dazu* einen strukturalen Realismus als plausibel verkaufen zu können.

Mit der ontologischen Spaltung meint er hier die Trennung von Mathematik und Materie. Der so genannte Strukturale Realismus (auch Michael Esfeld etwa) ist allerdings keine realistische Philosophie, so dass es hier gar nichts mehr zu spalten gibt – man redet ohnedies nur formalistisch. Das mag Unkundige (und *nicht nur* Unkundige) der philosophischen Diskussion verwirren, aber es handelt sich um eine rein formalistische Philosophie, die keine direkten Aussagen zur materiellen Realität macht, oder wenn, dann nur in disjunktiv aufgefächerten Aussagenmengen, die *so* natürlich in keine bestimmte (bzw. falsifizierbare) Aussage

---
[49] Kanitscheider, *Natur*, S. 137.

zur materiellen Realität münden können. „Morgen wird es regnen oder auch nicht" würden wir uns sicherlich nicht gerne als Wetterbericht anhören wollen, wenn es um ein und denselben Raumzeitbereich gehen soll ... Anders gesagt, diese Philosophie führt das Wort Realismus ebenso unnütz im Munde wie der so genannte „mathematische Realismus", der uns hier von Kanitscheider angeboten wird. Beides sind rein formalistische Beschreibungsebenen. Man könnte sagen, der ältere Strukturalismus wusste wenigstens noch um seine antirealistische Position, der Strukturale Realismus *will* davon offenbar gar nichts mehr wissen. Für meinen Geschmack ist das einfach der Versuch, den so erfolgreichen Falsifikationismus in die eigene Philosophie einzubinden. Einen Sinn ergibt der Begriff der Falsifikation allerdings nur in einem monistisch materiell verstandenen Realismus. Denn es kann wohl kaum von einsehbarem Nutzen sein, den Begriff des Realismus zu adoptieren, ohne dann zu wirklich falsifizierbaren Aussagen zu kommen. Auch eine Disjunktion von Realitäts-Aussagen zu ein und demselben Aspekt eines Sachverhaltes verbleibt immer in einem Quasi-Formalismus, kann also nicht einfach als wahr oder falsch betrachtet werden. Denn bei einer gelungenen Falsifikation von sagen wir der Aussage p_1 kann der Verteidiger zu einer der anderen allgemeinen Aussagen oder Theorien bzw. Klassen von Theorien P (p_2 v p_3 v ... v p_n) flüchten. Anders gesagt, eine disjunktive Aussagenmenge (als Theorie) ist immer *quasi-formalistisch immunisiert* gegen Kritik, solange nicht alle ihre Aussagen falsifiziert sind. Gewöhnlich gehen aber die einzelnen Aussagen ohnedies nicht über mathematisch strukturelle Formulierungen hinaus, so dass es sich hier lediglich um eine Art Verzierungs-Falsifikationismus ohne Anwendungsmöglichkeit handelt.

Kanitscheider versucht, seine der Materie innewohnende Mathematik auch gegen Mario Bunge zu verteidigen. Er formuliert das allerdings ein bisschen merkwürdig:

> Gegen den Versuch, Materieelemente mit abstrakten Strukturen zu identifizieren, hat Mario Bunge den Einwand vorgebracht, dass hier zwei Sorten der Abstraktheit nicht unterschieden werden: die epistemologische Erfahrungsferne und die ontologische Spiritualität.[50]

Der Versuch, Materieelemente mit abstrakten Strukturen zu *identifizieren*, ist ja ein typisch idealistischer Schachzug, bei dem die Materie gar nicht mehr vorkommt. Er verträgt sich eigentlich nicht mit Kanitscheiders Position des *Innewohnens* mathematischer Objekte in der Materie. Dazu braucht man ja schließlich die Materie. Kanitscheider scheint das aber gar nicht recht aufzufallen, und er behandelt Bunges Kritik wie eine Kritik an seiner Position. Sehen wir uns die Kritik von Bunge an diesen beiden eher antirealistischen Positionen an, bemerken wir sehr schnell, hier werden einfach nur stärker antirealistische Positionen von einem abgeschwächten Antirealismus kritisiert, denn Bunges so genannter „Metaphysischer Materialismus" (nicht zu verwechseln mit einem metaphysischen Realismus, der direkte ontologische Aussagen impliziert – hypothetische eben) hat seine antirealistische Herkunft de facto nicht auf-

---

[50] Kanitscheider, *Natur und Zahl*, S. 155. Aus M. Bunge: *Treatise on Basic Philosophy 7*, 1. Dodrecht 1985, S. 26.

gegeben, oder jedenfalls nur dem Namen nach.[51] Bei Bunge sollen ja sogar nur zwei Sorten der *Abstraktheit* miteinander verglichen werden dürfen, nicht etwa eine Vermutungsmenge der Erkenntnis mit der tatsächlichen Beschaffenheit der Materie.

Mit Alfred Landés Materialismus kritisiert Kanitscheider dann *tatsächlich* eine kritisch realistische bzw. eine echt materialistische Position – also einen Anti-Platonisten. Landé sagt nämlich ganz unmissverständlich:

> I rather vote for Democritos because an electron has a mass of $0{,}9197 \cdot 10^{-27}$ g, whereas a Platonic idea has none[52]

Kanitscheider sieht darin die Frage auftauchen, „wie die quantifizierende Masse (…) mit dem Elektron verbunden ist."[53]

Zunächst einmal kann man wohl den Ausdruck „quantifizierende Masse" als inadäquat zurückweisen. Die Masse des Elektrons ist eine physikalische Eigenschaft – ob sie nun von einem Higgsfeld verliehen wird oder nicht. Sie *selbst*

---

[51] Jedenfalls in diesem Buch von 1985 ist die antirealistische Basis noch auffälliger als in einem neueren Buch:
Über die Natur der Dinge, Mario Bunge, Martin Mahner, Hirzel Verlag, Stuttgart, 2004. Aber auch hier fällt es den Autoren sehr schwer, für Materialisten eigentlich unannehmbare antirealistische bzw. idealistische Konsequenzen zu vermeiden. Sie gehen hier zwar von Dingen als Grundkategorie des Seienden aus. Ich habe aber in einem Papier von 2009 versucht zu zeigen, dass ihnen das nicht gelungen ist. Anders gesagt, sie sind auch hier noch in einer unklaren „ontologischen Spiritualität" verblieben. Siehe: Norbert Hinterberger, „Die Substanzmetaphysik von Mario Bunge und Manfred Mahner" in *Aufklärung und Kritik*, 3/2011. S. 169 ff.
[52] Alfred Landé, Unity in Quantum Theory, *Foundations of Physics*, Vol. 1, Nr. 3, 1971, S. 191–202.
[53] Kanitscheider, *Natur und Zahl*, S. 156.

quantifiziert überhaupt nichts. Das machen wir. Masse kann man bekanntlich auch als Energie und auch (gravitativ verstanden) als Gewicht ansprechen. Man weiß aber, dass man dabei (in einem tieferen Sinn) immer über dasselbe redet. Also spielen die Bezeichnungen für die Existenz der jeweiligen physikalischen Eigenschaft keine Rolle. Sie dienen lediglich der besseren Handhabbarkeit bzw. unserer Orientierung. *Physikalisch diskret* müsste man wohl immer über ihr *Energie-Äquivalent* reden. Die verschiedenen Begriffe, die jeweils andere Zustandsformen dieser Energie bezeichnen, kann man dann als äquivalent betrachten. Das gilt also für die *physikalisch* verstandenen Begriffe Masse oder Gewicht, die Ableitungen des Energie-Äquivalents darstellen, und zwar seit Einsteins $E = mc^2$.

Der *rein* mathematische Term: „$0{,}9197 \cdot 10^{-27}$" ist dagegen instrumental. „g" = Gramm gehört in seiner Form als Energie-Äquivalent (der Gravitation) nicht dazu, denn damit wird eben eine *physikalische* Entität bezeichnet.

Erinnern wir uns ferner daran, dass wir einen Unterschied machen müssen, zwischen den von uns entworfenen bzw. konstruierten „Naturgesetzen" und den tatsächlichen Gesetzen der Natur, die von den energetischen Wechselwirkungen in unserem Universum geschaffen werden. Die Wirklichkeit ist einfach so wie sie ist (trivialerweise; wie auch immer sie dann sein mag), mit welchen Namen oder Unterteilungs-Ausdrücken *wir* sie uns schmackhaft machen wollen, ist ihr egal. Wir können nur hoffen, dass wir das Glück haben, mit unseren jeweiligen Vermutungen über die Welt der Wahrheit immer ein Stückchen näher zu kommen, also die tatsächlichen Wechselwirkungen gut zu approximieren. Das würde der mittelalterliche Nominalist = der heutige kritische Realist hier anmerken.

Vorher (S. 153) hatte Kanitscheider schon versucht, sich Schützenhilfe bei Werner Heisenberg zu holen. Heisenberg hatte allerdings lediglich gesagt, dass man die diskreten Einheiten als Formen oder Strukturen betrachten müsse „über die man unzweideutig nur in der Sprache der Mathematik sprechen kann."[54]

Damit hat Heisenberg aber lediglich die unbestrittene Wichtigkeit der Mathematik als Erkenntnis-*Instrument* betont. Er hat insbesondere keine Intrinsik der Mathematik in der Materie behauptet, wie Kanitscheider das tut. Das könnte er als echter Antirealist auch gar nicht. Antirealisten behaupten, dass wir keinen erkenntnistheoretischen Zugang zur Materie an sich haben, auch keinen tragbaren hypothetischen, also könnten sie natürlich auch keine Vermutungen über etwaige in ihr intrinsische mathematische Objekte anstellen. Und über Formen und Strukturen kann man überdies alternativ auch gänzlich ohne Formalismen sprechen. Wir machen das ja im Übrigen alle ständig und durchaus mit heuristischem Orientierungserfolg in Bezug auf chemische, physikalische und biologische Strukturen, auch wenn „strukturale Realisten" das ganz anders sehen möchten, weil sie sich unter Strukturen *rein* mathematische vorstellen:

> Dass die Eigenschaften des Elektrons schwierig zu fassen sind, dass sehr indirekte Methoden gebraucht werden, um seine Masse und Ladung zu messen, ist für die Frage, *wie*

---
[54] Werner Heisenberg, Schritte über Grenzen. München 1971, S. 236.

die Verschränkung des Teilchens mit seinen numerischen Eigenschaften zu denken ist, Nebensache. Unzweifelhaft ist jedoch, dass dieses Stück Materie diese Zahlqualitäten besitzt.[55]

Bei Kanitscheider können also nicht nur Teilchen mit anderen Teilchen verschränkt sein, wie in der Quantenphysik, sondern auch Teilchen mit ihren numerischen Eigenschaften. Man fragt sich unwillkürlich, ob letzteres auch nichtlokal gelten soll …, dass also das Elektron etwa im Tower zu London weilen kann, während sein *numerischer* Masse-Wert sich in New York aufhält, und trotzdem sind sie „verschränkt". Ich muss allerdings sagen, dass auch die lokale Vorstellung der Verschränkung eines Teilchens mit einer Zahl für mich schon eine völlig ausreichend problemgesättigte Schwierigkeit darstellt. Sie scheint mir auch ohne Nichtlokalität schon hinreichend absurd, weil man sich für meinen Geschmack *gar keine Vorstellung* davon machen kann. Und Kanitscheider kann uns ja auch nicht erklären, wie das gehen sollte: Materie mit Zahlen im Bauch?

Er beeilt sich hier zwar zu versichern, dass wir die Maßzahl der Masse nicht als Abstraktum wahrnehmen. Es sei nur der Fall, dass sich „das Messgerät in einem Anzeigezustand befindet" aus dem man schließen könne, „dass das Elektron diese numerische Eigenschaft besitzt." Diese Abschwächung ändert aber nichts an dem letzten Halbsatz, der eben für einen Monisten der Materie ein Ding der Unmöglichkeit darstellt.

Mario Bunge bezeichnet Abstrakta zwar ganz richtig als animalische Konstruktionen. Er möchte sie aber nichts-

---

[55] Kanitscheider, *Natur und Zahl*, S. 156.

2 Im Reich des mathematischen Realismus ...

destoweniger als Äquivalenzklassen von Gehirnprozessen *existieren* lassen und zwar irgendwie *außerhalb* derselben – das scheint mir bei ihm ein mehr oder weniger ungewollter Ausrutscher in den Dualismus zu sein, denn die *Existenz* dieser Äquivalenzklassen wird von ihm ja nicht in Gehirnen angesiedelt.

Auch hier kommt man also zu keinem akzeptablen physikalischen Monismus, weil Bunge sich vor Psychologismus fürchtet. Wenn man allerdings von moderner Psychologie mit biologischer bzw. neurologischer Metatheorie ausgeht, taucht dieses Problem gar nicht auf. Hier ist ein widerspruchsfreier physikalischer Monismus ausformuliert. Abstrakta sind dabei lediglich *Gefühlswerte* von physikalischen Funktionen in Form von Hirnprozessen, die wir als geistige Gehalte *empfinden*, ebenso wie wir etwa Frequenzen des Lichts als unterschiedliche Farben *empfinden*. Das heißt, bestimmte Hirnfunktionen werden von uns (subjektiv bzw. intersubjektiv) als Abstrakta bzw. „Geistestätigkeit" *interpretiert*, sind aber physikalisch bzw. biologisch diskret betrachtet Hirnprozesse wie alle anderen auch. Sie genügen sich offenbar selbst – um hier den ebenfalls schon sehr missbrauchten Begriff der „Selbstreferenz" zu vermeiden. Hirnprozesse mathematischen oder logischen Gehalts machen mental halt mehr her bzw. werden aufmerksamer vom Gehirn verarbeitet als unbewusste Triebmechaniken etwa. Aber genau diese Konsequenz möchte Bunge vermeiden, weil Abstrakta (die gesamte Mathematik gehört für ihn zu den „Fiktionen") keiner physiologischen Ebene angehören sollen. Dennoch sollen sie als Äquivalenzklassen *existieren*. Man fragt sich warum, bei einem Philosophen und Physiker, der sich als Materialist verstehen möchte.

84 Die Fälschung des Realismus

Kanitscheider produziert eine ähnliche Uneinsicht hinsichtlich physikalischer Eigenschaften, wenn er zu seinen Lieblings-Abstrakta referiert, zu den mathematischen Objekten eben:

> Photonen müssen sich immer bewegen – auf dem Rand des Lichtkegels (…) es haftet ihnen aber auch die mathematische Eigenschaft an, Bosonen zu sein, also den Spin 1 zu besitzen.[56]

Hier soll es übergangslos eine mathematische Eigenschaft sein, als Boson zu existieren. Er hält den Spin 1 offenbar für rein mathematisch. Der wird allerdings nie ohne das physikalische Wirkungsquantum angegeben. Spin = $1h_{quer}$, Typ: Boson (Kraft-Teilchen) = Photon, Gluon, W-Boson oder Z-Boson. Mathematisch ist hier nur die 1, die (isoliert) trivialerweise über den Spin bzw. seine Energie überhaupt nichts sagt – „h_{quer}" (das reduzierte Plancksche Wirkungsquantum) dagegen bezeichnet die Energie, und für die ist keine *Zahl* konstitutiv, sondern nur ihre Existenz als physikalischer Zustand. Die Zahl ist nur unsere Art der Quantifizierung.

Kanitscheider schreibt sogar explizit:

> Ein Photon hat die Energie hv und den Impuls hv/c, diese mathematischen Eigenschaften kann man nicht von dem Teilchen trennen, sie sind konstitutiv.[57]

Ich weiß ehrlich gesagt nicht, was hier mathematisch sein soll, solange nicht die Zahlenwerte (ob nun algebraisch oder in Ziffern) angegeben werden. Aber selbst das macht die

---
[56] Kanitscheider, *Natur und Zahl*, S. 157.
[57] Kanitscheider, *Natur*, S. 157.

oben angegebenen Energien nicht mathematisch. Energie ist eben eine materielle Entität und kein mathematischer Term.

2.2.2 Neue Kontinuitätsideen

David Tong weist in seinem SPEKTRUM-Essay darauf hin, dass sich in den letzten Jahrzehnten die Überzeugung:

> immer fester etabliert hat: Die Natur sei im Grunde diskret, die Bausteine der Materie und der Raumzeit ließen sich einzeln abzählen.[58]

Tong ist nun zwar ein Stringtheoretiker, dem daran gelegen sein könnte, mit seinen Neo-Kontinuitäts-Überlegungen, die *Loop Quantum Gravity*, die *Causal Dynamical Triangulation* und die *Causal Set Theory* zu kritisieren. Denn diese Kosmologien arbeiten mit eben diesen diskreten Ansätzen. Allerdings sind seine Argumentationen in diesem Essay so interessant und haben für meinen Geschmack soviel Gewicht, dass man sich schwer vorstellen kann, sie wären als reines Kritik-Vehikel entwickelt worden. Wie auch immer, nicht nur „Matrix"-Fans, also Fans des Digitalismus, sondern auch Fans des physikalischen Apriorismus, der ja durch den mathematischen Platonismus entsteht, werden hier gründlich enttäuscht:

> Niemand weiß, wie ein noch so gigantischer Computer sämtliche Details der bekannten physikalischen Gesetze simulieren soll (…)

---

[58] David Tong, „Machen Quanten Sprünge?", Spektrum der Wissenschaft, 4/2014, S. 58.

> Die Quantenphysik gilt als in ihrem Wesen ‚diskret', das heißt als portioniert und sprunghaft. Doch ihre **Gleichungen** beschreiben **kontinuierliche Größen**. Erst die Eigenschaften des jeweiligen Systems rufen diskrete Werte hervor. Verfechter des digitalen Aspekts argumentieren, die kontinuierlichen Größen seien bei näherer Betrachtung diskret; sie lägen auf einem feinmaschigen Gitter, das – wie die Pixel auf einem Bildschirm – die **Illusion eines Kontinuums** erzeugt. Die Idee eines gekörnten, diskreten Raums widerspricht jedoch einer Tatsache: der Asymmetrie zwischen rechts- und linksdrehenden Elementarteilchen (…) Eines der stärksten Argumente der Kontinuumsverfechter war die Beliebigkeit des Diskreten.[59]

Als Beispiel für die „Beliebigkeit des Diskreten" nennt er (zunächst einmal im makroskopischen Bereich) unsere recht willkürlichen Unterscheidungen im eigenen Sonnensystem zwischen Planeten, Zwergplaneten und bloßen Fels- oder Eisbrocken – und Asteroiden und Meteoriten, könnte man hinzufügen. Bekanntestes Beispiel Pluto, der jüngst (per Konvention) von den Planeten zu den Zwergplaneten abgestiegen ist.

Wichtiger ist aber wohl der Hinweis darauf, dass die Existenz von Atomen oder Elementarteilchen kein Input unserer Theorien ist:

> Die Bausteine unserer Theorien sind nicht Teilchen, sondern Felder: kontinuierliche Objekte, die den Raum ähnlich erfüllen wie Gase oder Flüssigkeiten. Bekannte Beispiele sind Elektrik und Magnetismus, doch es gibt

---

[59] Tong, daselbst, S. 58.

auch ein Elektronfeld, ein Quarkfeld, ein Higgsfeld und einige mehr. Was wir fundamentale Teilchen nennen, sind gar keine grundlegenden Objekte, sondern Kräuselungen kontinuierlicher Felder.[60]

Nun stellt man sich unter einer Feld-Kräuselung ja unwillkürlich irgendeine Art von Energie-Quantelung vor. Wie aber auch immer diese Diskussion zwischen Neo-Kontinuums-Vertretern und Digitalisten sich weiter entwickeln wird: Klar ist wohl, dass es nicht schaden könnte, wenn sich Stringtheoretiker und andere alternative Ansätze (LQG, CDT, CST) stärker austauschen würden, nicht zuletzt, um Ideenüberschneidungen überhaupt gegenseitig zu registrieren. Wenn Tong Teilchen als emergente Erscheinungen von „Kräuselungen kontinuierlicher Felder" bezeichnet und Fotini Markopoulou (eine Vertreterin der auch *raumzeitlich* mit Quantelungen auf Planklängen arbeitenden Loop Quantum Gravity) Teilchen als emergente Erscheinungen von raumzeitlichen Energieanregungen betrachtet, wo traditionell noch immer von Teilchen die Rede ist, wird der Gesprächsbedarf wohl recht deutlich. Fotini Markopoulou betrachtet ein „Teilchen" als eine „Art emergenter Anregung der Quantengeometrie"[61]. Diese Anregung breite sich in der Quantengeometrie aus, „wie sich eine Welle durch einen festen oder flüssigen Körper bewege." Der Ausdruck „emergent" zeigt ganz deutlich, dass auch bei ihr Teilchen nicht als diskret betrachtet werden. Diese junge Physikerin hat offenbar immer wieder Ideen, die auch Smolin

---

[60] Tong, daselbst, S. 60.
[61] wie Lee Smolin in seinem 2006 schreibt. Deutsch: *Die Zukunft der Physik*, 2009: 339.

überraschen, weil sie sich „am Ende als richtig erweisen" (Smolin). Insbesondere letztere Idee lässt sich offenbar sehr gut mit dem Verflechtungs-Modell von Sundance O. Bilson-Thompson kombinieren, das „bemerkenswert genau die Struktur der Preonen-Modelle wiedergab." Preonen sind hypothetische Teilchen, die bei Smolin und Kollegen als die fundamentalen Bestandteile der Quarks, Elektronen und Elektron-Neutrinos gelten. Mich würde interessieren, ob sich dann nicht auch irgendwann der *Wellen- bzw. Feld*charakter des *Preons* als fundamentaler herausstellen könnte als sein Teilchen-Charakter.

Die von der Schleifenquantengravitation vorhergesagte Quantengeometrie ist offenbar extrem kompliziert. Sie ist, anders als die Stringtheorie, zwar hintergrundunabhängig wie die Allgemeine Relativitätstheorie, die sie zu quantisieren versucht, aber das empirische Verständnis der mathematischen Strukturen bzw. des Graphen (der eben mit den Knoten, Verbindungen und Verflechtungen dealt, die mit Teilchenzuständen assoziiert sind) wurde anscheinend erst von Markopoulou nach vorn gebracht. Denn sie erkannte offenbar, „dass emergente Teilchen in den topologischen Strukturen codiert sind."[62]

Diese Idee schien auch mit dem Preonen-Modell zu harmonieren:

> Ich fragte Markopoulou, ob Bilson-Thompsons Flechtstrukturen ihre kohärenten Anregungen sein könnten. Wir luden Bilson-Thompson ein, mit uns zusammenzuarbeiten, und nach einigen Fehlstarts sahen wir, dass sich dieser

---
[62] Smolin, *Die Zukunft*, S. 341.

Ansatz tatsächlich in jeder Hinsicht bewährte. Mit Hilfe einiger vorsichtiger Annahmen fanden wir ein Preonen-Modell, das die einfachsten dieser teilchenartigen Zustände in einer Klasse von Quantengravitationstheorien beschrieb.[63]

Aber auch Verteidigern des Standardmodells der Teilchenphysik – wie Heinz Dieter Zeh z. B. – bleibt der Wellen- bzw. Feldbegriff zentral (selbst wenn da zusätzlich eine Teilchen-Vorstellung mitgeführt wird), eben weil die Schrödingergleichung kontinuierlich ist. Zeh hat immer wieder betont, dass es sich dabei jedenfalls um kein „Teilchen" im üblichen Sinne handeln kann. Louis de Broglie haben wir den Begriff der „Führungswelle" zu verdanken, der von den Kopenhagenern um Nils Bohr übrigens geradezu denunziativ abgetan wurde. Aber bei den Kopenhagenern gab es bekanntlich *kurioserweise* (in den Beschreibungen) überhaupt keinen Quantenrealismus mehr, sondern nur eine klassische Beschreibung der Beobachtungen der Messungen. Wellen wurden lediglich *nicht*-unitär als Wahrscheinlichkeitswellen für den Aufenthaltsort eines Teilchens betrachtet. Realisten dagegen betrachten die Wellenfunktion als *unitär*, d. h. die Welle wird als physikalisch existent betrachtet. Die rein klassische Betrachtungsweise der Kopenhagener hatte Zeh zu Recht immer wieder scharf als Subjektivismus kritisiert[64].

Um aber zu David Tong zurückzukehren: Er weist natürlich ebenfalls mit einigem Recht darauf hin, dass scheinbar diskrete Teilchen – wie seinerzeit das Atom – im Laufe der Zeit immer noch weitere ‚diskrete' Ebenen offenbarten, im

---

[63] Smolin, *Die Zukunft*, S. 341.
[64] H. Dieter Zeh, *Physik ohne Realität: Tiefsinn oder Wahnsinn?*, Springer Verlag Berlin Heidelberg 2012.

Rückblick also durchaus als Idealisierungen bzw. als nichtdiskret erkennbar werden: Zunächst mit der Entdeckung des Atomkerns, der sich in Protonen und Neutronen differenzieren ließ. Dann wurde deren Quarkstruktur entdeckt. Inzwischen geht man in der LQG von einer noch tiefer liegenden Preonen-Struktur aus. Man könnte von hier aus also um der Diskussion willen durchaus einmal das Argument der Digitalisten umkehren (die ja sagen, unsere Wirklichkeit erscheint nur kontinuierlich, ist aber diskret bzw. fundamental überall körnig) und sagen: Die Körnigkeit ist immer nur scheinbar und darunter liegt die Kontinuität. Die Stringtheoretiker sagen das natürlich insbesondere in Bezug auf die Teilchen, die bei ihnen nur emergente Erscheinungsformen der Vibrationen der fundamentalen Strings („Energiefäden") darstellen. Nun werden die Strings von den Stringtheoretikern aber ebenfalls als diskret im Sinne von fundamental (also nicht selbst noch als emergent) betrachtet, so dass man eine solche *physikalische* Diskretisierung sicherlich nicht mit einer idealisierenden Digitalisierung im mathematischen oder in einem anderen ideellen Sinn gleichsetzen sollte. Bestimmte Diskretisierungen, wie die Plancksche Energiequantelung zur Vermeidung der berühmten Ultraviolett-Katastrophe bzw. der unerwünschten mathematischen Unendlichkeiten, die sich aus der Kontinuitätsannahme bezüglich der Temperatur der Schwarzkörper-Strahlung ergaben, sind vermutlich unvermeidlich in dem Sinne, dass man solche Energie-Quantelungen bzw. diskreten Werte als der Natur eigen annehmen muss, denn nur sie stimmen mit den Beobachtungen überein. Über Energie-Quantelungen spricht Tong hier nicht, deshalb nehme ich einmal an, er greift nur das Teilchen an bzw. hält das für emergent. Vielleicht muss man den Rahmen für das ganze aber einfach noch feldtheoretischer formulieren als bisher. Auch das Problem der Unendlichkeiten (von Energie, Druck, Masse), die sich aus einer unlimitierten Kontinuitätsvorstellung bezüglich des Urknalls und schwarzer Löcher (bzw. aus der nicht-quantisierten Allgemeinen Relativitätstheorie, also aus Einsteins Gravitationstheorie) ergeben, gehört hierher. Wahrscheinlich liegt die Lösung (wie so oft) irgendwo in der Mitte – auch wenn sich eine derartige Aussage immer einigermaßen hilflos anhört.

Aber auch Bojowald hat ja schon auf eine möglicherweise notwendig werdende Vereinigung von Stringtheorie und alternativen Ansätzen hingewiesen.[65] Einige Vereinigungsmerkmale kann man im übrigen schon darin entdecken, dass Stringtheoretiker wie David Tong bemerken, dass Raumdimensionen in der neueren Stringtheorie „nicht eindeutig definiert" sind, „sie können entstehen und vergehen". Diese Idee scheint aber aus der LQG zu stammen, in der es einzelne Raumatome sind, die ebenfalls entstehen und vergehen können. Dabei sollte zu erkennen sein, dass Dimensionswachstum und Raumatomwachstum logisch äquivalent sein müssten – und dass man die Zeit dabei nicht außen vor lassen kann, hat nicht nur Lee Smolin immer

---

[65] Dazu ein Zitat aus einem Interview mit der ZEIT (2008): „ZEIT: Die Loop-Theorie konkurriert mit der String-Theorie, die Elementarteilchen als winzige vibrierende Saiten beschreibt. Beide wollen die Weltformel finden, die String-Theoretiker sind derzeit aber stark in der Überzahl. Bojowald: Die beiden Theorien haben unterschiedliche Ambitionen. Nur die String-Theorie sucht wirklich nach der Weltformel. Sie kann die Elementarteilchen, also letztlich die Materie, besser beschreiben, hat aber Schwierigkeiten mit Raum und Zeit. Die Loop-Theorie dagegen ist eine Theorie von Raum und Zeit, bekommt aber die Materie bislang nicht in den Griff. Vielleicht muss man beide eines Tages kombinieren…"

wieder betont. Auch der Stringtheoretiker David Tong betont das. Für „mathematische Realisten" mit ihren „zeitlosen Objekten" könnte deshalb dieses Zitat interessant sein:

> Ich wage zu behaupten, dass es in der gesamten Physik nur eine echte ganze Zahl gibt, die Eins. Denn die physikalischen Gesetze beziehen sich auf nur eine Dimension der Zeit. Ohne exakt eine Zeitdimension scheint die Physik widersprüchlich zu werden.[66]

Auch diese Argumentation gab es schon in der LQG[67]. Tong hatte dazu auf derselben Seite schon folgendermaßen argumentiert:

> Ein Skeptiker könnte einwenden, dass die physikalischen Gesetze doch einige ganze Zahlen enthalten. Zum Beispiel beschreiben die Gesetze drei Arten von Neutrinos, sechs Arten von Quarks – von denen jede in drei so genannten Farben vorkommt – und so fort. Überall ganze Zahlen! Aber stimmt das? All diese Beispiele geben die Anzahl der Teilchentypen im Standardmodell an, und diese Größe ist mathematisch ungeheuer schwer zu präzisieren, wenn Partikel miteinander wechselwirken. Teilchen können sich verwandeln: Ein Neutron zerfällt in ein Proton, ein Elektron und ein Neutrino. Sollen wir es als ein, drei oder gar vier Teilchen zählen? Die Behauptung, es gebe drei Arten von Neutrinos, sechserlei Quarks und so weiter, ignoriert die Wechselwirkungen.[68]

---

[66] David Tong, SPEKTRUM, 4/2014, S. 60.
[67] In seinem neuen Buch argumentiert Smolin sogar noch einmal ganz entschieden für diese Sichtweise. Lee Smolin, *Im Universum der Zeit*, dva, 2014. Wird weiter unten behandelt.
[68] Tong, SdW, S. 60.

Ich halte diese Argumentation für äußerst bedenkenswert. Man kann hier sehr gut sehen: Mit einer klaren Feld- bzw. Wellensicht (unter Verzicht auf die *diskrete* Teilchenvorstellung) hätte man diese Probleme nicht. Nicht Teilchen würden ständig entstehen und sich ineinander umwandeln (oder doch nur in einem *emergenten* Sprachmodus), sondern ein und dieselbe superponierte Welle würde sich dreifach verzweigen – im Falle der scheinbaren „Teilchenumwandlung" eines Neutrons in ein Proton, ein Elektron und ein Neutrino. Die Physiker selbst nennen die Komponenten ja gewöhnlich *virtuelle* Teilchen, was immer das heißen mag, wenn es keine energetischen Feld- oder Raumanregungen sein sollen.

David Tong räumt ein:

> Vielleicht werden wir hinter den glatten Quantenfeldern des Standardmodells – oder gar hinter der Raumzeit selbst – eine diskrete Struktur entdecken.[69]

Andererseits weist er zu Recht darauf hin, dass nunmehr 40 Jahre lang versucht wurde, das Standardmodell auf dem Computer zu simulieren – ohne Erfolg. Es sei zwar immerhin eine „diskrete Version von Quantenfeldern entwickelt" worden, „die so genannte Gitterfeldtheorie. Sie ersetzt die Raumzeit durch eine Punktmenge." So können Computer näherungsweise ein kontinuierliches Feld berechnen. Aber diese Methode hat offenbar ihre Grenzen bei den Fermionen. Bekanntlich gilt für Fermionen (also Materieteilchen), dass sie nicht nach einer Drehung um 360, sondern erst

---

[69] Tong, SdW, S. 61.

nach einer Drehung um 720 Grad erneut „ihr Gesicht zeigten", wenn sie denn eins hätten. Tong bezeichnet das aber selbst als „eine Folge der speziellen Quantenstatistik für diese Partikel." Das manifestiert sich auch in Paulis Ausschließungsprinzip, „welches verbietet, dass zwei Elektronen eines Atoms in allen Quantenzahlen übereinstimmen." Offenbar gab es sogar ein Theorem, „wonach es grundsätzlich unmöglich ist, den einfachsten Fermionentyp zu diskretisieren." Tong schreibt: „Solche Theoreme sind freilich nur so stark wie ihre Annahmen", denn es gelang inzwischen einer Reihe von Theoretikern, „Fermionen auf dem Gitter zu platzieren." Und weiter:

> Es gibt alle möglichen Quantenfeldtheorien, jede mit anderen Fermiontypen, und heute lässt sich fast jede Teilchenart auf einem Gitter darstellen. Nur bei einer einzigen Klasse von Quantenfeldtheorien gelingt das nicht, und dazu gehört leider ausgerechnet das Standardmodell. Wir können alle Arten von hypothetischen Fermionen behandeln, aber nicht diejenigen, die tatsächlich existieren.[70]

Das ist natürlich schweres Geschütz gegen bedenkenlose *Teilchen*-Diskretisierungen im Standardmodell. Bleibt man, wie etwa auch Heinz Dieter Zeh, bei einer eher *wellen*theoretischen Interpretation der physikalischen Verhältnisse, hat man diese Probleme nicht. Das hat David Tong hier gut gesehen.

---

[70] Tong, SdW, S. 61.

2.2.3 Der so genannte Strukturenrealismus

Michael Esfelds struktureler Realismus ist – genau wie alle vorhergehenden Strukturalismen – nichts als ein ziemlich orthodox rationalistischer Versuch, dem Empirismus eine theoretische Unterbestimmtheit zuzusprechen, die mit einem rationalistischen Überbau von der Art des Strukturenrealismus verschwinden würde. Diese Kritik ist keine Kritik am Antirealismus des Logischen Empirismus (denn die Strukturalisten kommen in der Regel selbst daher), sondern nur eine antirealistische *Ergänzung* rationalistisch-instrumentalistischer Natur:

> Die These der Unterbestimmtheit der Theorie durch die Erfahrung zeigt, dass der Empirismus kein wissenschaftlicher Realismus sein kann. Der Empirismus, der nur Erfahrung als Kriterium der Bewertung wissenschaftlicher Theorien anerkennt, erfüllt nicht die epistemische Behauptung, die in die Definition des wissenschaftlichen Realismus eingeht (…) Denn die These der Unterbestimmtheit zeigt, dass Erfahrung nicht als Methode der rationalen Bewertung von Erkenntnisansprüchen hinreicht, die in konkurrierenden Theorien enthalten sind. Erfahrung allein ermöglicht es nicht, festzustellen, welche dieser konkurrierenden Theorien die beste im Hinblick auf eine Erkenntnis des betreffenden Gegenstandsbereichs ist.[71]

Wie eine These, also eine bloße Behauptung etwas „zeigen" kann, bleibt sein Geheimnis. Ansonsten handelt es sich hier einfach um den alten Begründungsansatz in neuem,

---

[71] Michael Esfeld, *Naturphilosophie als Metaphysik der Natur*, Suhrkamp, 2008, S. 24.

komplementären Gewand (Empirismus und Rationalismus zusammengefasst – allerdings beides antirealistisch). Es handelt sich gleichzeitig um eine implizite Kritik am kritischen Rationalismus, denn der geht bekanntlich ebenfalls davon aus, *dass* sich Theorien durch Erfahrung bewerten lassen. Zwischen konkurrierenden Theorien wird beim kritischen Rationalismus allerdings – anders als beim Logischen Empirismus (der eine induktivistisch-verifikationistische Position vertritt) und auch anders als beim Konstruktivismus (der einen rein analytischen Ansatz vertritt) – konsequent *falsifikationistisch* entschieden. Überdies ist der kritische Rationalismus, indem er übergangslos allgemeine Hypothesen zulässt, natürlich auch in keiner Weise von irgendeiner theoretischen Unterbestimmtheit betroffen, wie etwa der Induktivismus des logischen Empirismus. Beim kritischen Rationalismus gab es die Zusammenfassung von Rationalismus und Empirie von Anfang an – allerdings mit dem Ziel am Ende prüfbare Wirklichkeitsaussagen zu erhalten, etwas, was den Formalisten der Philosophie aber natürlich schon programmatisch fern lag.

Sehen wir uns einmal Esfelds Definition an, was wissenschaftlicher Realismus sei. Hier kann es leicht zu (beabsichtigten) Verwechslungen mit echtem Realismus kommen, denn was im Folgenden zu lesen steht, hätte auch ein kritischer Realist schreiben können (ich habe es, sozusagen in „erster Lesung", selbst als Realismus aufgefasst):

(1) Eine *metaphysische* Behauptung: *Die Existenz und die Beschaffenheit der Welt sind unabhängig von den wissenschaftlichen Theorien.* Diese Unabhängigkeit ist sowohl ontologisch als auch kausal: Die Existenz und die Beschaffenheit der Welt sind unabhängig davon, ob es Personen

gibt, die wissenschaftliche Theorien entwickeln. Wenn es Personen gibt, verursacht die Existenz von deren Theorien nicht die Existenz oder die Beschaffenheit der Welt.[72]

Nur im letzten Satz bemerkt man vielleicht, dass die modernen Antirealisten ihren neuen metaphysischen Naturalismus ganz anders auskosten, als kritische Realisten das wohl tun würden. Die Klausel „Wenn es Personen gibt ..." schiene aus der Position letzterer wohl einigermaßen kurios. Anders gesagt, ein kritischer Realist würde diese bedingte Sprechweise wohl nicht investieren, weil es sich bei ihm zwar um einen hypothetischer Ansatz handelt, aber eben nicht um eine antirealistische Immunisierung gegen Kritik, wie wir sie hier vor uns haben. Einen kritisch hypothetischen Ansatz gibt es deshalb bei den Strukturalisten nicht. Stattdessen blitzt im letzten Satz kurz die Erbschaft des logisch-empiristischen „Wenn-dann-Ismus" auf. Auch die neueren Strukturalisten sind, wie wir sehen werden, vom Begründungs- bzw. Sicherheitswert ihrer Aussagen überzeugt, weil die sich ja lediglich auf reine Strukturen der Mathematik beziehen sollen. Wie man von diesen analytischen Aussagen zur Wirklichkeit gelangen soll (also zur Pointe des Realismus), bleibt dabei notorisch unklar.

Dabei reden sie *bezüglich ihres Programms* realistisch. Auch an den Punkten 2 und 3 ist inhaltlich nichts auszusetzen:

(2) Eine *semantische* Behauptung: Die Beschaffenheit der Welt legt fest, welche wissenschaftlichen Theorien wahr sind (und welche nicht wahr sind).

---

[72] Esfeld, *Naturphilo*, S. 12.

Wenn folglich eine wissenschaftliche Theorie wahr ist, dann existieren Gegenstände, von denen die Theorie handelt, und deren Beschaffenheit ist der Grund, weshalb die Theorie wahr ist. Etwas Entsprechendes gilt für die einzelnen Aussagen einer Theorie.

Das ist natürlich der Wahrheits*begriff* des kritischen Realismus, der hier vorgestellt wird. Wir werden sehen, dass ein Antirealist damit aber gar nichts anfangen kann. Man muss überdies (weil es hier von „Wissenschaftlichkeit" nur so wimmelt) hinzufügen: auch nicht-wissenschaftliche Aussagen können wahr sein – kontingent eben.

Erst die dritte Aussage sagt nun etwas über die Erkennbarkeit der Wirklichkeit. Sie behauptet unter anderem: „Die Wissenschaften sind im Prinzip in der Lage, uns einen kognitiven Zugang zur Beschaffenheit der Welt zu gewähren." Auch damit kann sich ein kritischer Realist völlig einverstanden erklären.

Auf S. 16 sehen wir dann aber, dass Esfeld Popper als *wissenschaftlichen Realisten* bezeichnet. Popper selbst hat diesen Begriff nie benutzt, er bevorzugte den Titel *kritischer Realismus*. Deshalb und vor allem auch weil der „wissenschaftliche Realismus" von Esfeld durchweg mit Antirealismus bzw. mit dessen Theorienverständnis einhergeht, möchte ich es hier bei Poppers Wahl belassen.

Obwohl Esfeld einräumt, dass er sich durchaus an Poppers Position anlehnt und verspricht: „(...) diese an Popper anknüpfende Minimalform des wissenschaftlichen Realismus gegen Angriffe zu verteidigen", schlägt er de facto eine antirealistische Alternative vor. Wir werden sie gleich kennen lernen. Entscheidend für sein mangelndes Vertrauen in den Falsifikationismus (allein) scheint hier die berühmte *Duhem-Quine-These* zu sein, die er offenbar (wie so viele andere Autoren) im Zusammenhang der Konventionalismus-Diskussion für überzeugend gehalten hat. Er referiert sie jedenfalls als „Bestätigungs-Holismus". Pierre Duhem behauptet in seinem Buch *Ziel und Struktur der physikalischen Theorien* bekanntlich, dass einzelne theoretische Aussagen nicht kritisiert bzw. experimentell überprüft werden könnten, weil sie von multiplen anderen theoretischen Aussagen abhingen.[73] Willard van Orman Quine hatte diese Duhem-These als Todesstoß für jegliche Entscheidung aus der Erfahrung betrachtet. Für ihn ergab sich daraus die Konsequenz, dass *weder* Verifikation *noch* Falsifikation Kriterien für Annahme oder Ablehnung einer Theorie sein können. Duhem und Quine waren der Meinung, dass Entscheidungen über die Annahme oder Ablehnung von Theorien mehr oder weniger konventionell bzw. instrumentalistisch getroffen werden.

Die Arbeit von Gunnar Andersson räumt mit diesem Mythos von der Unfalsifizierbarkeit einzelner Sätze allerdings gründlich auf.[74] Bei Andersson geschieht das im Zusammenhang seiner Kritik an der so genannten „Wissenschaftsgeschichtlichen Herausforderung" von Thomas S. Kuhn, Norwood Russell Hansson und Paul Feyerabend. Diese Autoren haben die Duhem-Quine-These in ihre extremsten pragmatistischen bzw. relativistischen Konsequenzen gezogen. Sie haben behauptet, dass Paradigmenwechsel

---

[73] Pierre Duhem, *Ziel und Struktur der physikalischen Theorien* (Leipzig: Barth, 1908), Hamburg: Felix Meiner, 1978.
[74] Gunnar Andersson, *Kritik und Wissenschaftsgeschichte*, J. C. B. Mohr (Paul Siebeck), Tübingen 1988.

in der Wissenschaft irrational durch „Überredung" zustande kommen. Imre Lakatos (ursprünglich kritischer Rationalist – wie auch Feyerabend) hat sich von dieser Kritik schwer beeindruckt gezeigt und ist in einen *Prüfsatz*-Konventionalismus ausgewichen, der für fallibilistische Falsifikationisten aber ebenfalls inakzeptabel ist. Wolfgang Stegmüller, ursprünglich Carnap-Anhänger, also Logischer Empirist, war wohl der bekannteste Wissenschaftstheoretiker, der unter dem Eindruck von Kuhns Relativismus zum Anhänger von Joseph D. Sneed wurde, bei dessen Strukturalismus er die geeignete rationale Antwort auf Kuhn sah. All diese Autoren haben die Lösung also nicht in der von Kuhn angegriffenen falsifikationistischen Methodologie selbst gesehen.

Gunnar Andersson zeigt an jedem einzelnen wissenschaftsgeschichtlichen Beispiel, das in diesem Zusammenhang von den Gegnern des Falsifikationismus bemüht wird, dass es sich bei den angeblich „irrationalen Überredungen" um falsifikative Erkenntnisfortschritte handelte und nicht um irgendwelche „Inkommensurabilitäten" verschiedener Weltinterpretationen, denen man nur konventionalistisch bzw. wahrheits-relativistisch begegnen könne. Bevor wir aber zu Anderssons Kritik kommen, möchte ich den Auslöser dieser ganzen Diskussion noch einmal etwas ausführlicher vorstellen, nämlich Thomas S. Kuhns Buch, *Die Struktur wissenschaftlicher Revolutionen*.

3
Die Gründe für den Rückzug auf den Strukturalismus

3.1 Thomas S. Kuhns psychologistischer Relativismus

Kuhn ist der Meinung, dass die wissenschaftlichen Lehrbücher allesamt ungeschichtlich seien und uns „gründlich irregeführt" haben. Sein Essay sei dagegen

> (…) ein Entwurf der ganz anderen Vorstellung von der Wissenschaft, wie man sie aus geschichtlich belegten Berichten über die Forschungstätigkeit selbst gewinnen kann. Aber auch aus der Geschichte wird diese neue Auffassung nicht hervorgehen, wenn die historischen Daten weiterhin in erster Linie dazu gesucht und erforscht werden, um Fragen zu beantworten, die von der ungeschichtlichen, den wissenschaftlichen Lehrbüchern entnommenen Schablone aufgeworfen werden.[1]

Schon hier könnte man fragen: also was denn nun? Seine „Vorstellung" entstammt doch einerseits „geschichtlich

---

[1] Thomas S. Kuhn, *Die Struktur wissenschaftlicher Revolutionen*, Suhrkamp, Frankfurt am Main, 1967, S. 15.

belegten Berichten", andererseits wird diese „neue Auffassung" aber auch aus der Geschichte „nicht hervorgehen", wenn man, so fährt er fort, weiterhin Lehrbücher liest, die sich mit „Fakten, Theorien und Methoden" beschäftigen. Was hat das eine eigentlich dem anderen getan? Ich kann doch unbeschadet ein Lehrbuch zu „Fakten, Theorien und Methoden" lesen und *außerdem* noch ein Buch zur Geschichte der Wissenschaften. Ich würde das sogar für die umfassendere Lernaktion halten, wenn man denn beides *kritisch* liest. Es gibt ja auch aus gutem Grund *sowohl* Lehrbücher, die sich mit der Geschichte der Wissenschaften *als auch* Lehrbücher, die sich mit Theorien und Methodologien beschäftigen. Er tut aber so, als gäbe es im Wesentlichen nur letztere, und die wären verfehlt und müssten dafür verantwortlich gemacht werden, dass man die geschichtlichen Bücher nicht mehr in der rechten Weise versteht. Dieses „falsche Lesen" war offenbar sehr schlimm, denn

> Das Ergebnis war eine Vorstellung von Wissenschaft mit tiefgreifenden Folgerungen über ihre Natur und Entwicklung.

Da an diesem Satz keine Negativwertung abzulesen ist, schlage ich vor, das umfassendere Lesen doch nicht ganz so schlimm zu finden. Ist doch schön, wenn es tief greifende Folgerungen über die Natur der Wissenschaft erzeugt. Schon hier deutet sich an, dass Kuhn (der im Web teilweise als „einer der größten Wissenschaftstheoretiker" bezeichnet wird) Schwierigkeiten hat, adäquat zu formulieren, was er eigentlich sagen will.

Dann beschäftigt er sich mit der These, dass Fortschritt akkumulativ stattfinde, und negiert sie:

> Die gleiche historische Forschung, welche die Schwierigkeiten bei der Isolierung einzelner Erfindungen und Entdeckungen hervorkehrt, gibt auch Anlaß zu tiefgehendem Zweifel an dem kumulativen Prozeß, von dem man glaubte, er habe die einzelnen Beiträge zur Wissenschaft zusammengefügt.[2]

Die letzten drei Nebensätze transportieren nun allerdings eine Einsicht, die wir bekanntlich schon Popper verdanken. Im Übrigen weiß man aber auch gar nicht, wieso *er* sich von der Akkumulations-Vorstellung distanzieren möchte, denn sie würde viel besser zu seiner Idee von der „Normalwissenschaft" passen, in der die Wissenschaftler keine Erkenntnis-Revolutionen erleben, sondern an ihren jeweiligen Paradigmen hängen und Falsifikationen nur als Anomalien betrachten, die sich durch etwas „Rätsellösen" schon wieder beseitigen ließen.

Er hält es überdies für eine „historiographische Revolution in der Untersuchung der Wissenschaft", dass die „Historiker der Wissenschaft" begonnen hätten, eine „ganz neue Art von Fragen" zu stellen:

> Sie fragen zum Beispiel nicht nach der Beziehung der Auffassung Galileis zu denen der modernen Wissenschaft, sondern nach der Beziehung seiner Anschauungen zu jenen seines Kreises, d. h. seiner Lehrer, Zeitgenossen und unmittelbaren Nachfolger in den Wissenschaften.[3]

---
[2] Kuhn, *Struktur*, S. 17.
[3] Kuhn, *Struktur*, S. 17.

Auch hier weiß man wieder nicht, wieso er nicht sieht, dass es beides *gibt* und warum man nicht *beides* tun sollte – und was an letzterem eigentlich so revolutionär sein soll. Überdies mag man nicht recht glauben, dass es so etwas *vorher* nicht gegeben haben sollte. Vor allem scheint mir hier aber *beides nicht ausreichend,* wenn dabei nur herauskommt, dass „diesen Meinungen die größte innere Kohärenz" innewohnt. Denn ob diese Geschichtsdaten darüber hinaus eine „engstmögliche Übereinstimmung" etwelcher Aussagen „mit der Natur" zeitigen, lässt sich durch diese methodologie-freie bzw. kontingent soziologistische Geschichtsbetrachtung ganz sicher nicht ermitteln.

Als einziges Beispiel für diese „neue" Wissenschaftsgeschichtsschreibung führt er die Schriften Alexandre Koyres an. Koyre ist ein Philosoph und Wissenschaftshistoriker, der sich für Henri Bergson, Edmund Husserl und sogar für Hegel, also für klar idealistisch orientierte Philosophen begeistert hat, die sich mit Naturwissenschaften im Wesentlichen nicht beschäftigt haben. Kuhn führt außer Alexandre Koyre keine weiteren Autoren für seine „historiographische Revolution" an.

Genauso geht er mit den Fragestellungen um. Er findet „daß methodologische Richtlinien für sich allein auf vielerlei wissenschaftliche Fragen keine eindeutige Antwort herbeiführen können." Er sagt aber weder, welche Richtlinien noch welche Fragen das sein sollten, die so schlecht funktionieren.

Kommen wir zu seinen Definitionen:

> In diesem Essay bedeutet ‚normale Wissenschaft' eine Forschung, die fest auf einer oder mehreren wissenschaft-

lichen Leistungen der Vergangenheit beruht, Leistungen, die von einer bestimmten wissenschaftlichen Gemeinschaft eine Zeitlang als Grundlagen für ihre weitere Arbeit anerkannt werden.[4]

Er betont, dass „Paradigma" ein Ausdruck sei, der eng mit den Definitionen der „normalen Wissenschaft" korrespondiere und:

> Die Erwerbung eines Paradigmas und der damit möglichen esoterischen Art der Forschung ist ein Zeichen der Reife in der Entwicklung jedes besonderen wissenschaftlichen Fachgebiets.[5]

Der Begriff des Esoterischen scheint von ihm hier durchaus positiv bewertet zu werden, um nicht zu sagen, als ein „Zeichen der Reife" zu erscheinen und nicht etwa als hinreichend kompromittiert durch den Obskurantismus der New-Age-Bewegung, die mit Wissenschaft nun rein gar nichts zu tun haben dürfte.

Dann gibt er einige Beispiele für Paradigmen-Wechsel in der Optik. Angefangen vom Paradigma der Gegenwart, dass das Licht aus quantenmechanischen Entitäten besteht, die Photonen heißen und sowohl Wellen- als auch Teilcheneigenschaften besitzen. Vorher wurde das Licht als transversale Welle betrachtet (Young und Fresnell). Und davor wurde Licht als bestehend aus materiellen Korpuskeln betrachtet (Newton). Das sind seine Beispiele für Pradigmenwechsel:

---

[4] Kuhn, *Struktur*, S. 25.
[5] Kuhn, *Struktur*, S. 26.

> Diese Umwandlungen der Paradigmata der physikalischen Optik sind wissenschaftliche Revolutionen und der fortlaufende Übergang von einem Paradigma zu einem anderen auf dem Wege der Revolution ist das übliche Entwicklungsschema einer reifen Wissenschaft.[6]

Das ist sicherlich richtig und wird auch von Popper so gesehen. Wir haben aber gerade gelesen, dass die *normalwissenschaftliche* Verteidigung einer Tradition bzw. eines Paradigmas ebenfalls ein Zeichen der Reife sei. Es scheint allerdings wohl eher *trivial*, dass Forscher ihre Theorien zunächst einmal verteidigen.

Wenn man nämlich „Paradigma" einfach mal gegen „Theorie" austauscht, erkennt man Poppers Argumentation, dass es auch immer Forscher geben muss (und im Übrigen auch hinreichend gibt), die eine Theorie mit Zähnen und Klauen verteidigen, um ihr ganzes Potential auszuschöpfen – und das kann auch ohne Ad-hoc-Konventionalismus geschehen. Kuhn schreibt aber auch selbst, man höre oft, dass Gesetze

> durch die Untersuchung von Messungen gefunden werden, die um ihrer selbst willen und ohne Bindung an eine Theorie vorgenommen werden. Die Geschichte bietet aber für eine so übertrieben Baconsche Methode keinen Anhaltspunkt.[7]

Das ist natürlich völlig richtig, denn wir induzieren nicht, auch nicht „eliminativ", wie Bacon sich das vor-

---

[6] Kuhn, *Struktur*, S. 27.
[7] Kuhn, *Struktur*, S. 42.

gestellt hatte, sondern wir *deduzieren* unsere Prognosen aus unseren *Theorien, Hypothesen, allgemeinen Vorurteilen oder „Paradigmen"*. Das ist logisch alles äquivalent weil wir zwar über einen Wahrheits*begriff* aber nicht über ein Wahrheits*kriterium* verfügen. Diese Prognosen werden dann in *Messungen* oder anderen reproduzierbaren Beobachtungen überprüft. Darüber besteht überhaupt kein Dissens zwischen den kritischen Rationalisten und Kuhn. Unterschiedlicher Auffassung sind Popper und Kuhn allerdings hinsichtlich des *Verhaltens* der Wissenschaftler im Falle von Falsifikationen. Während Falsifikationisten bei einer korrekten Falsifikation immer von einem Lerneffekt für den Wissenschaftler ausgehen, spricht Kuhn dem Paradigmatiker (also allen Wissenschaftlern, die an ein bestimmtes Paradigma glauben) diesen Lerneffekt ab und heißt das überdies gut, denn er hält den kritischen Rationalisten für einen Ideologen der sicheren Widerlegung. Für Kuhn gibt es keine echten Falsifikationen, sondern nur „Anomalien", die in der Regel von den Wissenschaftlern auch zu Recht nicht ernst genommen würden. Das ist ein zentrales Missverständnis des Falsifikationismus durch Kuhn. Er denkt (wie übrigens viele andere auch), dass Falsifikationen sicher sein müssten. Wir kommen gleich darauf.

Ein anderes Problem ist sein resignativer Quasi-Instrumentalismus. Er ist der Meinung, dass es nur wenige Gebiete gibt,

auf denen eine wissenschaftliche Theorie, besonders wenn sie in einer überwiegend mathematischen Form ausgedrückt ist, unmittelbar mit der Natur verglichen werden kann. Bis heute sind nicht mehr als drei derartige Gebiete für Einsteins allgemeine Relativitätstheorie zugänglich.[8]

Als einzig unumstrittenen „Zugang" nennt er (in der Endnote) die Präzession des Merkur-Perihels. Die Rotverschiebung ließe sich aus Betrachtungen herleiten, die elementarer seien als die ART. Was er hinsichtlich der *gravitativen Rotverschiebung* vermutlich meint ist, dass sie sich bereits aus der Energieerhaltung ableiten ließ. Einstein hat sie schon 1911 (also schon 4 Jahre vor der ART) vorausgesagt. Die „Gravitationsverschiebung der Mössbauerstrahlung" erwähnt er selbst. Alles andere hätte er in seinen Anmerkungen nachtragen bzw. korrigieren müssen, denn er hat das alles ja noch miterlebt: 1971 wurde die gravitative Zeitdilatation (in einem Flugzeug) im Hafele-Keating-Experiment mit Ceasiumuhren auf 10 % genau gemessen. 1976 wurde die Genauigkeit (im Maryland-Experiment) auf 1 % verbessert. 1979 gab es eine weitere Verbesserung in der Genauigkeit (0,02 %) durch Levine und Vessot. GPS-Systeme (Entwicklungszeit von 1973–1995) werden korrigiert gemäß der speziellen und allgemeinen Relativitätstheorie. Eine bessere Bewährung (bzw. einen direkteren Vergleich mit der Wirklichkeit) für diese beiden Theorien kann man sich wohl kaum noch denken. Wir werden sehen, dass sich auch alle anderen Beispiele für angebliche „Inkommensurabilitäten" in Luft auflösen.

Er redet beispielsweise davon, dass es bei Anwendungen „oft theoretische und instrumentelle Annäherungen

---
[8] Kuhn, *Struktur*, S. 40.

gibt, welche die zu erwartende Übereinstimmung erheblich einschränken." Er meint hier vermutlich keine instrumentalistischen Einschränkungen, die bei Antirealisten ja in der Regel methodologisch vorsätzlich installiert werden, sondern er meint Beobachtungsinstrumente wie Teleskope, die „die Kopernikanische Vorhersage der Jahresparallaxe" etwa bestätigen konnten. Newtons Lex secunda, also die Tatsache, dass „Die Änderung der Bewegung der Kraft proportional ist und in ihrer Richtung" wirkt, konnte erst 1784 (also 97 Jahre nach Newtons Gesetz von 1687) überprüft werden, durch George Atwoods Fallmaschine. Die Entwicklung derartiger Geräte bezeichnet Kuhn dann recht tendenziös als „Anstrengungen (…) die erforderlich waren, um Natur und Theorie in Übereinstimmung zu bringen." Diese konventionalistische Ausdrucksweise scheint wenig passend in Bezug auf eine so eindeutige Überprüfungssituation. Er schreibt:

> oft ist die Paradigmatheorie unmittelbar in den Entwurf des Geräts, mit dem das Problem sich lösen läßt, einbezogen. Ohne die *Prinzipia* zum Beispiel hätten Messungen mit der Atwood-Maschine überhaupt nichts bedeutet.[9]

Aber was will er denn damit sagen? Newtons Gesetz ist doch keine Bauanleitung für die Atwood-Maschine gewesen. Und wenn also klar ist, dass hier gar keine Theorie- oder Paradigma-Abhängigkeit hinsichtlich der Überprüfung besteht, dann stellt sich nur noch die Frage: ist das Gerät in der Lage, die Theorie zu überprüfen oder nicht. Und wenn

---
[9] Kuhn, *Struktur*, S. 41.

ja, dann sind keinerlei konventionelle Absprachen und kein „Rätsellösen" nötig, um „Natur und Theorie in Übereinstimmung zu bringen". Theorie-Imprägnierungen können bei der Beobachtung bzw. entsprechenden Basissätzen sehr relevant sein, aber in den seltensten Fällen von einer zu überprüfenden Theorie aus, es sei denn sie enthielte tatsächlich implizit auch eine Bauanleitung für das jeweilige Messgerät.

Kuhn vertritt dagegen die Meinung, dass:

> (…) wenn die Annahme eines gemeinsamen Paradigmas die wissenschaftliche Gemeinschaft erst einmal von dem Zwang befreit hat, ihre Grundprinzipien fortgesetzt zu überprüfen, die Mitglieder dieser Gemeinschaft sich ausschließlich auf die subtilsten und esoterischsten der sie beschäftigenden Phänomene konzentrieren können.[10]

Wir sehen, er betrachtet Überprüfungen regelrecht als „Zwang", der offenbar nur dazu gut ist, die Wissenschaftler von ihren subtilen, esoterischen Untersuchungen abzulenken, die scheinbar darin bestehen, ein Dogma – völlig überprüfungsfrei eben – zu verfestigen bzw. zu immunisieren gegen Kritik. Ein Verhalten, dass nicht an Wissenschaft, sondern viel eher an theologische Praxis erinnert. Und wir werden im Verlauf auch sehen, dass er diese Verbindungen nicht nur zieht, sondern im Rahmen dessen, was er als „Normalwissenschaft" bezeichnet, für *wünschenswert* hält.

---
[10] Kuhn, *Struktur*, S. 175.

3.2 Anderssons Kritik am psychologistischen Relativismus

Michael Esfeld kennt Gunnar Anderssons großartige Verteidigung des konsequent fallibilistischen Falsifikationismus nicht. Das gilt im Übrigen für die meisten an dieser Diskussion Beteiligten – und zwar eindeutig zu deren Nachteil. Ich habe Anderssons Kritik anderenorts ausführlich behandelt.[11]

Esfeld kennt allerdings Duhem und Quine und ist der Meinung dass ihr Bestätigungs-Holismus die „empirische Unterbestimmtheit", die er ja nicht nur beim Verifikationismus, sondern auch beim Falsifikationismus vermutet, durch ein mysteriöses Kohärenz-Kriterium beseitigen kann:

> Der Rationalist fügt zur Erfahrung das Kriterium der *Kohärenz* hinzu. Aufgrund von Beobachtungsaussagen, die durch die Erfahrung verursacht werden, versuchen wir, ein kohärentes System wissenschaftlicher Aussagen zu konstruieren. Kohärenz bedeutet dabei, dass die theoretischen Aussagen sich nicht nur nicht widersprechen, sondern dass ihr begrifflicher Inhalt so eng wie möglich zusammenhängt, es also möglichst viele inferentielle Verbindungen zwischen ihnen gibt.[12]

Er hat also Beobachtungsaussagen aus denen (irgendwie?) ein zusammenhängendes System von Aussagen konstruiert

---
[11] Norbert Hinterberger, *Der Kritische Rationalismus und seine antirealistischen Gegner*, Rodopi, 1996. S. 376–420.
[12] Michael Esfeld, *Naturphilosophie als Metaphysik der Natur*, 2008, S. 24–25.

werden soll. Diese Aussagen sollen sich nicht widersprechen, und es soll möglichst viele Ableitungsbeziehungen zwischen ihnen geben. Das scheint nicht eben eine besonders klare Vorstellung zu sein, denn so kann man auch die berühmten *logisch konsistenten Märchen* konstruieren. So versucht er das Problem der theoretischen Unterbestimmtheit des Empirismus zu lösen. *Er* redet indessen von einer „empirischen Unterbestimmtheit der Theorien." Man könnte diesen Ausdruck aber wohl durchaus selbst als hinreichend „unterbestimmt" betrachten, denn dem Empirismus *fehlen* ja gerade die theoretischen Mittel, weil er von den Logischen Empiristen nicht als Mittel der Überprüfung, sondern als Begründungsinstrument eingesetzt werden sollte. Das funktionierte nicht, weil die Induktion logisch unschlüssig ist. Das haben die Empiristen aufgrund von Poppers Kritik des Induktivismus auch schemenhaft erkannt. Denn das ist durchweg der Grund, warum sie Strukturalisten geworden sind und versuchen, einen deduktivistischen Überbau zu applizieren. Damit diese Bemühungen aber nicht in einem simplen orthodoxen Rationalismus enden, wird das ganze rein formalistisch aufgezäumt – und außerdem werden auch empiristische Argumentationen beibehalten, die allesamt durch „Theorie- und Methodologie-Freiheit" glänzen.

In diesem Zusammenhang macht Esfeld uns jedenfalls mit einer „Kohärenztheorie der Rechtfertigung" bekannt. Wir sehen also, wir sind wieder in der alten Begründungsphilosophie angelangt, auch wenn sie sich hier neue Kleider umgehängt hat:

> Dieses System ist dadurch in der Welt verankert, dass es
> eine kausale Eingabe von Seiten der Welt durch Erfahrung

erhält, die das Bilden von Überzeugungen verursacht, welche in Form von Beobachtungssätzen ausgedrückt werden können. Der Bestätigungs-Holismus (Duhem-Quine-These) führt über die These der Unterbestimmtheit der Theorie durch die Erfahrung dazu, die epistemische Behauptung in der Definition des wissenschaftlichen Realismus infrage zu stellen.

Wir sehen, er ist überzeugt davon, dass Duhem und Quine erfolgreich waren bei der Demontage des Realismus. Er bietet aber auch gleich anschießend an, das zu reparieren:

> Der Rechtfertigungs-Holismus schließt die Lücke, die durch Erfahrung als unzureichendes Kriterium für die Bewertung konkurrierender wissenschaftlicher Theorien entsteht (…)

In der Auslassungs-Klammer wiederholt er sinngemäß einfach noch mal den Text von oben, als wäre mit dem Begriff der „Kohärenz" überhaupt nur *irgendetwas* Bestimmtes gesagt, und als hätte er damit überhaupt nur irgendein *Konzept* geliefert, mit dem man der instrumentalistischen Herausforderung durch Duhem und Quine begegnen könnte.

Wie man nicht nur damit fertig wird, sondern überdies auch mit dem daraus entwickelten Relativismus bei Thomas S. Kuhn, Paul Feyerabend und Norwood Russell Hansson sowie mit dem Prüfsatz-Konventionalismus bei Joseph Agassi und Imre Lakatos, hätte er bei Gunnar Andersson lernen können. Hier wird der Verifikationismus der Logischen Empiristen, der Konventionalismus von Pierre Duhem, der Instrumentalismus von Willard van Orman Quine, die gestaltpsychologische Inkommensurabilitäts-

These von Kuhn und der proliferierende („anarchistische") Pluralismus Feyerabends mit seiner speziellen, deterministischen Variante der Inkommensurabilität und mit seinen relativistischen Konsequenzen in einem Aufwasch kritisiert. Das alles geschieht von einem *konsequent fallibilistischen Falsifikationismus* aus, also ohne die geringste konventionalistische oder pragmatistische Ausweichbewegung.

3.2.1 Lee Smolins Rezeption von Feyerabend und Kuhn

Gegen diese schlagende Kritik sind bisher keine tragfähigen Gegenpositionen überliefert. Genau genommen kenne ich nicht *einen* expliziten Einwand gegen Anderssons Kritik[13]. Ihre Gegner haben sich offenbar dazu entschlossen, diese Arbeit totzuschweigen. Aber viele andere (auch unter den kritischen Rationalisten) kennen sie gar nicht, so dass sogar Autoren der theoretischen Physik, wie Lee Smolin, die sich explizit mit Feyerabends und Kuhns Thesen befasst haben, davon überzeugt sind, dass die beiden gegenüber Popper recht behalten hätten.

> Feyerabend war überzeugt, dass die Wissenschaft eine menschliche Tätigkeit ist, die von opportunistischen Menschen ausgeführt wird, die keinem allgemeinen logischen

---

[13] Obwohl sein Buch zwischenzeitlich auch längst in englischer Sprache erschienen war. Gunnar Andersson, *Criticism and the History of Science*, E.J. Brill, Leiden – New York – Köln, 1994 – zuerst ist es allerdings in Deutsch erschienen, so dass die Ignoranz auch in Deutschland ihren Anfang nahm: Kritik und Wissenschaftsgeschichte, J. C. B. Mohr (Paul Siebeck) Tübingen 1988.

oder methodologischen Plan folgen, sondern einfach das tun, was das Wissen vermehrt.[14]

Man könnte fragen, woher sie – unter diesem Verzicht auf rationale Mittel – noch wissen sollten, *dass* sich das Wissen vermehrt hat?

Smolin stellt dann Poppers Position ganz richtig vor, denkt aber offenbar, dass Feyerabend „seine Arbeit in der Philosophie" begann, indem er Poppers Ideen kritisierte. Feyerabend war indessen zunächst selbst ein kritischer Rationalist, ein Popperschüler, dem wir sogar Übersetzungen von Poppers Schriften verdanken. Erst später ist er zu seinem *erkenntnistheoretisch* anarchistischen „anything goes" bzw. zum Relativismus übergegangen, weil auch er von Kuhns Ansatz beeindruckt war. Smolin ist jedenfalls der Meinung, dass Feyerabend zeigte:

> dass es gar nicht so leicht ist, eine Theorie zu falsifizieren. Sehr häufig halten Wissenschaftler an einer Theorie fest, nachdem sie scheinbar falsifiziert worden ist.[15]

Die erste Bemerkung ist falsch, Falsifikationen sind in den meisten Fällen sehr einfach, da häufig sogar nur eine einzelne Beobachtung benötigt wird, die *gegen* eine aus der Theorie abgeleitete Prognose spricht – ganz anders als bei der (im übrigen gar nicht durchführbaren) induktivistischen Verifikation welcher verallgemeinerten Behauptung auch

---

[14] Lee Smolin, *Die Zukunft der Physik*, Deutsche Verlags-Anstalt, 2009, S. 390–397.
[15] Lee Smolin, *Die Zukunft der Physik*, DVA, 2008, S. 395.

immer. Man nennt das auch die logische Asymmetrie zwischen Falsifikation und Verifikation. Die zweite Bemerkung ist dagegen nahezu trivial. Natürlich fängt ein Theoretiker nicht sofort an, seine eigene Theorie zu kritisieren, manchmal sogar überhaupt nicht. Aber es wird immer ausreichend wissenschaftliche *Konkurrenten* geben, die das gerne übernehmen werden. Und zum Mechanismus des Widerlegungsversuchs kann man sagen: Entweder die Falsifikation ist *gelungen*, dann können alle Versuche, dagegen zu argumentieren, nur Immunisierungs-Reaktionen gegen Kritik sein (ad hoc aufgestellte Hilfshypothesen etwa), die de facto aber schon eine *neue* Version der Theorie darstellen – die alte Version *bleibt* indessen falsifiziert (das folgt schon rein logisch). Im Übrigen muss man selbst bei Ad-hoc-Immunisierungen einräumen, dass man aus der Falsifikation der Theorie, so wie sie war, etwas gelernt hat, nämlich *dass sie so nicht bleiben kann*. Und das wird ja auch eingesehen (wenn auch häufig nicht zugegeben), sonst hätte man sich ja nicht die Mühe gemacht, die Theorie *ad hoc* umzugestalten. Die andere Möglichkeit ist in der Tat: Es handelt sich nur um eine *scheinbare* Falsifikation, bei der man Fehler in der Interpretation des Experiments oder dergl. aufzeigen kann, wie im Falle eines falsifikativen Angriffs durch Walter Kaufmann auf die Relativitätstheorie Einsteins, bei dem durch Einstein selbst gezeigt werden konnte, dass Kaufmann falsche theoretische Annahmen zum Elektron gemacht hatte, also von falschen falsifikativen Prämissen ausgegangen ist (weiter unten). Woran man ablesen kann, dass der Falsifikationismus selbst-anwendbar ist. Die theoretische und praktische Möglichkeit derartiger Fälle ist im übrigen von

Popper selbst immer wieder ausführlich besprochen worden, auch in seinen frühesten Schriften.¹⁶

Anstatt sich hier also endlich mal zu einem echten Realismus durchzuringen, machen die strukturalen Realisten, die ja ebenfalls, nämlich in ihrer Eigenschaft als ehemalige Empiristen, von der wissenschaftsgeschichtlichen Herausforderung betroffen sind, einfach weiter mit längst ad absurdum geführten Versionen von mathematischem Konventionalismus – als Additionen zum Empirismus. Diese Kombination wird dann offenbar nicht mehr für „unterbestimmt" gehalten. Die Strukturalisten kommen anscheinend nicht auf die Idee, dass *ein derartiger Konventionalismus* für *realistisch unterbestimmt* gehalten werden könnte. Viele von ihnen denken wirklich, ihr struktualer Realismus sei gar kein Konventionalismus bzw. Antirealismus. Einige von ihnen „empfinden" die Mathematik inzwischen anscheinend sogar als irgendwie quasi-physikalisch – wie etwa Hawking, Tegmark, Kanitscheider, Barbour, Esfeld und andere mehr.

Esfelds Missverständnis des Popperschen Falsifikationismus ist exemplarisch für die gesamte Diskussion. Durch den gesamten Antirealismus seit Duhem und Quine – und später dann Kuhn – sei gezeigt, dass der Falsifikationismus eine „Ideologie der sicheren Widerlegung" sei. Als solche wäre sein Verständnis von Basissätzen natürlich ebenso

---

¹⁶ Schon in Poppers Vorgänger der *Logik der Forschung*, nämlich in *Die beiden Grundprobleme der Erkenntnistheorie*, J. C. B. Mohr (Paul Siebeck) Tübingen, 1979, S. XXI (aufgrund von Manuskripten von 1930–1933). Der Ausdruck „Fallibilismus" kommt anscheinend zuerst bei Charles Sanders Peirce vor. Popper schreibt dazu: „Aber natürlich ist der Fallibilismus kaum etwas anderes als das sokratische Nichtwissen." – Ich weiß, dass ich nichts (sicher) weiß und kaum das. Das „sicher" stammt aus *Poppers* Sokrates-Übersetzung. Zusammen mit Poppers These der „Theoriegetränktheit" aller Beobachtungen impliziert das die Fallibilität auch aller Falsifikationen.

kritisierbar wie die (induktivistisch-verifikationistische) Sicherheitsbehauptung für die Basissätze bei den Logischen Empiristen. Bei letzteren wurden die Beobachtungssätze bekanntlich als die „sicheren" Basissätze betrachtet, von welchen aus man induktivistisch verallgemeinern sollte. Nun gab und gibt es diesen Sicherheitsanspruch bei Popper aber in keiner Weise – weder für die allgemeinen Behauptungen (für die natürlich erst recht nicht), noch für die Basis- bzw. Beobachtungssätze, die nur dann als Falsifikatoren betrachtet werden, wenn deren Prämissen nicht erfolgreich angegriffen werden können. Im Gegenteil, die Position der sicheren Basissätze (also die Behauptung der Beobachtungssicherheit) wurde von Popper selbst ja schon beim Induktivismus der Logischen Empiristen kritisiert. Damit verbot sich natürlich, an die Sicherheit der eigenen Basissätze zu glauben, denn das waren ja auch Beobachtungssätze. Popper hat deshalb von Anfang an klar gemacht, dass *selbstverständlich* auch die Prämissen der falsifizierenden Sätze angezweifelt werden können, wenn theoretische Gründe dafür vorgebracht werden – worin sich eben auch wieder die häufig bezweifelte Selbstanwendbarkeit des Falsifikationismus zeigt. Ein konsequent fallibilistischer Falsifikationismus, wie er von Popper vertreten wird, impliziert diese umfassend kritizistische Methodologie. Popper hat die Fallibilität auch der falsifizierenden Basissätze mit der „Theoriegetränktheit" beliebiger Beobachtungen erklärt. Diese Erkenntnis führt bei Popper aber nicht zu konventionalistischen Wendungen, sondern zu einem allumfassenden bzw. unlimitierten Kritizismus. Dass Popper jemals *die Sicherheit* von Falsifikatoren (also von Beobachtungen, die zur Falsifikation herangezogen werden) behauptet hätte, ist ein Mythos, der von seinen Kritikern aufgebaut wurde. Diese Position wurde in Popper hineininterpretiert, ohne dass es dafür einen Anhaltspunkt in seinen Schriften gibt. Die Konventionalisten konnten sich einfach keine andere Lösung des Problems der Theoriegeladenheit aller Beobachtungen vorstellen als eben die konventionalistische. Kuhn sprach sogar fatalistisch von der Theorien*abhängigkeit* der Erfahrung, als müsste jeder Versuch, dieses Problem anders als konventionalistisch zu lösen, zwangsläufig zirkulärer Natur sein. Dieser Dogmatismus folgte aus dem großen „Mythos des Rahmens", wie Popper selbst das genannt hat. Ich habe das alles (in meinem [1996]) sehr ausführlich behandelt. Ich weiß allerdings, dass Literaturverweise bisweilen recht geduldig sind und will deshalb hier wenigstens die wichtigsten Argumente Anderssons und die Diskussion von 1970 (zwischen Popper, Watkins, Kuhn, Lakatos, Feyerabend u. a.) referieren.

4
Der Mythos vom Rahmen

4.1 Unterschiedliche Typen von Falsifikationen

Die Behauptung der „Rahmentheoretiker" (Duhem/Quine/Kuhn), dass weder theoretische Systeme noch einzelne Allsätze falsifiziert werden könnten, sondern dabei immer „unser Wissen als ganzes" auf dem Spiel steht, ist schlicht falsch. Popper hatte zwei Typen von Falsifikationen vorgestellt. Der erste Typ verwendet die logische Figur des Modus tollens (Rückübertragung der Falschheit der Prognose auf die Prämissen). Gunnar Andersson schreibt:

> Wenn aus allgemeinen Hypothesen und singulären Sätzen, die Randbedingungen beschreiben, eine Prognose ableitbar ist, genau dann sind verschiedene Typen falsifizierender Schlüsse gültig. Dies kann mit metalogischen Überlegungen gezeigt werden. Wenn ein logischer Schluß gültig ist und die Prämissen wahr sind, dann muß mit logischer Notwendigkeit die Konklusion wahr sein. Wenn umgekehrt die Konklusion falsch ist, dann können nicht alle Prämissen wahr sein, d. h., die Konjunktion der Prämissen muß falsch sein. Wenn deshalb die Konklusion aus einer

Prognose besteht, die aus allgemeinen Hypothesen und singulären Randbedingungen abgeleitet ist, dann folgt aus der Negation der Prognose, dass die Konjunktion der allgemeinen Hypothesen und der singulären Randbedingungen falsch ist. Damit ist gezeigt, dass der erste von Popper behandelte Typ falsifizierender Schlüsse gültig ist.[1]

In vielen Fällen sind überdies, wie Andersson weiter bemerkt, die Randbedingungen ebenfalls durch Beobachtungen überprüfbar, so dass man sie aus den Prämissen herausnehmen kann und nun nur noch die Konjunktion der allgemeinen Hypothesen von der Falsifikation betroffen wäre (eine wichtige Technik der Eingrenzung). Man hat jetzt also auf der falsifizierenden Seite sowohl die Negation der abgeleiteten Prognose als auch die singulären Randbedingungen. Das zeichnet *einen weiteren wichtigen Typ von Falsifikationen* aus, der von *Andersson* beigesteuert wurde.

Popper hatte einen Spezialfall dieses Typs behandelt, und zwar den Fall, in dem nur eine einzelne allgemeine Hypothese überprüft wird. Man kann nämlich auf Randbedingungen völlig verzichten, wenn man die Äquivalenz von *negiertem Allsatz* („Nicht alle Schwäne sind weiß") und *Es-gibt-Satz* („Es gibt einen nichtweißen Schwan") ins Feld führt. Kann dieser allgemeine Es-gibt-Satz nun durch Beobachtung zu einem *singulären* Es-gibt-Satz instanziiert werden („An der Raumzeitstelle *k* steht ein schwarzer Schwan"), weiß man, dass die allgemeine Bejahung, also der Allsatz „Alle Schwäne sind weiß" falsifiziert ist. Damit ist die Duhem-Quine-These widerlegt, die (wie ja auch Kuhn und

---

[1] Gunnar Andersson, Kritik und Wissenschaftsgeschichte, J. C. B. Mohr, 1988, S. 182.

Feyerabend später) von der Unmöglichkeit der Falsifikation isolierter Allsätze ausgeht. Denn es zeigt die Falschheit der Behauptung, dass immer ein ganzes theoretisches System oder gar unser gesamtes Wissen geprüft werde.

> Es zeigt weiter, dass es durchaus möglich ist, daß Hilfshypothesen, die notwendig sind, um aus einer Theorie empirische Prognosen abzuleiten, unabhängig von der Theorie empirisch prüfbar sein können. So konnte z. B. die Hilfshypothese, dass das Fernrohr ein zuverlässiges Instrument ist, unabhängig von der Kopernikanischen oder Ptolemäischen Theorie empirisch geprüft werden. Bei der Diskussion der astronomischen Theorien konnte sie als eine unabhängig prüfbare Hilfshypothese und falsifizierende Prämisse benutzt werden. Galileis Beobachtungen der Venusphasen falsifizierten die Ptolemäische Theorie, vorausgesetzt, dass die Beobachtungen mit dem Fernrohr zuverlässig sind. In solchen Fällen ist eine dritte Form falsifizierender Schlüsse interessant: Die Falsifikation, bei der unabhängig prüfbare Hilfshypothesen unter den falsifizierenden Prämissen vorhanden sind.[2]

Also, man kann sowohl beobachtbare Randbedingungen als auch prüfbare Hilfshypothesen in die falsifizierenden Prämissen aufnehmen. Wenn man sich das alles klarmacht, löst sich das Gespenst der „Inkommensurabilität" sowie die Behauptung, aus der letztere gefolgert wurde, nämlich, die Forscher lebten in ihren jeweiligen Paradigmen wie in anderen Welten, von denen aus sie die „Welten" der anderen jeweils gar nicht sehen könnten, in nichts auf. Und

---
[2] Andersson, KW, S. 183.

zwar, weil sowohl einzelne theoretische Systeme als auch einzelne Allsätze unabhängig überprüft werden können. Kuhns und Feyerabends gesamter Psychologismus bricht so zusammen. Man kann im Gegenteil (wie Andersson das hier auch tut) an jedem einzelnen Beispiel angeblich unhintergehbarer psychologischer Gestalt-Wahrnehmung zeigen, dass es sich bei den „Gestalten" jeweils um *implizite Hypothesen* handelt, die, wenn sie sichtbar, also explizit gemacht werden, überprüft bzw. kritisiert werden können, wie jede andere Hypothese auch.

„Überzeugungen" interessieren in der Forschung nicht, sie sind subjektiv. Begründungen laufen auf das Münchhausentrilemma (von Begründung, logischem Zirkel und konventionellem Abbruch des Verfahrens) hinaus. Es bleiben also nur machbare *Überprüfungen*. Aber davon gibt es ja offenbar mehr und wirksamere als unsere Schulweisheit uns hat träumen lassen.

Kuhn und Feyerabend haben (wie auch viele andere) angenommen, dass Popper von der Notwendigkeit *sicherer* Basissätze ausgegangen sei. Aber das ist natürlich Unfug. Er hat ihre Fallibilität von Anfang an behauptet:

> (…) niemals zwingen uns die logischen Verhältnisse dazu, bei bestimmten Basissätzen stehenzubleiben und gerade diese anzuerkennen oder aber die Prüfung aufzugeben; jeder Basissatz kann neuerdings durch Deduktion anderer Basissätze überprüft werden (…) Dieses Verfahren findet niemals ein ‚natürliches' Ende.[3]

---

[3] Karl R. Popper, *Logik der Forschung*, J. C. B. Mohr, 1984, S. 64.

4 Der Mythos vom Rahmen

Die Gegner des Falsifikationismus sind also (teilweise sogar wider besseres Wissen) davon ausgegangen, dass Popper von sicheren Falsifikationen ausgeht, um ihm eine Inkonsistenz nachweisen zu können. Aber Popper ist von Anfang an ein konsequenter Fallibilist gewesen. Gunnar Anderssons Definition dessen, was eine Falsifikation denn nun eigentlich ist, lässt an Klarheit nichts zu wünschen übrig:

> Sie ist eine bedingte Widerlegung, wenn gewisse Prüfsätze wahr sind, dann ist eine allgemeine Theorie falsch. Folgende metalogische Äquivalenz gilt:[4]

Ich schreibe das hier in logisch äquivalenter Tastatur-Notation ($\sim$ = nicht; $|-$ = Es gilt; $x\,|{-}\,y = y$ folgt aus x; v = Disjunktion; $\&$ = Konjunktion), sowie: R = Randbedingungen, P = Prognose, H = Hypothese, HH = Hilfshypothese. Andersson:

$$R,\ \sim P\ |{-}\ \sim H \text{ genau dann, wenn } |{-}\ (R\ \&\ \sim P) \to \sim H$$

In Umgangssprache:

Aus *R und nicht-P* folgt *nicht-H* genau dann, wenn gilt: *Wenn (R und nicht-P) dann nicht-H.*

R sind in diesem Fall die *beobachtbaren* Randbedingungen, die hier zusammen mit der negierten Prognose *P* unter den falsifizierenden Prämissen erscheinen können.

Sowohl Kuhn als auch Popper gehen von der Revidierbarkeit der Prüfsätze aus, ziehen aber *völlig* verschiedene Konsequenzen daraus.

---
[4] Andersson, KW, S. 110.

Für Popper ist die Revidierbarkeit der Prüfsätze eine Folge ihrer Fallibilität. Kuhn dagegen begründet die Revidierbarkeit der Prüfsätze mit gestaltpsychologischen Überlegungen.[5]

Kuhn argumentiert: Bei wissenschaftlichen Experimenten und Beobachtungen sei es ebenso möglich, verschiedene Gestalten wahrzunehmen, wie bei gestaltpsychologischen Experimenten. Und weiter: dass es vom jeweiligen wissenschaftlichen Paradigma abhänge, welche Gestalt wahrgenommen werde.

Hier wird aber nur ein weiteres Mal, psychologistisch, möglicher *Einfluss* (also die Theoriegetränktheit unserer Beobachtungen) mit *Bedingung* (also Kuhns paradigmatischer Hypnotisiertheit durch angeblich unhintergehbare Gestaltwahrnehmung) gleichgesetzt. Das wissenschaftliche Paradigma – an das der jeweilige Forscher glaubt – kann sicherlich einen starken Einfluss auf seine (Gestalt)Wahrnehmungen haben, es ist aber (objektiv) keine *Bedingung*, die unkorrigierbar bzw. „unabdingbar" für die jeweilige „paradigmatische" Wahrnehmung sorgt. Denn Wissenschaftler leben in einer theoretisch pluralistischen Welt, in der ihnen Alternativtheorien und damit „Alternativgestalten" und damit auch Vergleichsmöglichkeiten – bezogen auf eben durch weitere Prüfsatzdeduktion unproblematisch *zu machende* Erfahrungstatsachen – zur Verfügung stehen. Bislang problematische Prüfsätze können durch Ableitung und Überprüfung unproblematischer Prüfsätze kritisiert werden. Gestaltwahrnehmungen können also sehr wohl durch rationale Diskussion kritisiert werden, denn sie sind

---

[5] Andersson, KW, S. 110–111.

ja logisch äquivalent mit impliziten Hypothesen. Andersson betont zwar, dass das gestaltpsychologische Erfahrungsmodell insofern richtig sei, als es die Theoriegetränktheit der Erfahrung zeigt (genau das ist ja auch die Leistung der Gestaltpsychologie), aber:

> Die Versuche, mit diesem Modell zu zeigen, dass die Erfahrungen und Prüfsätze mit verschiedenen Paradigmata inkommensurabel seien, sind dagegen misslungen, weil Gestaltwahrnehmungen nicht als letzte, unkritisierbare und unmittelbare Erfahrungen aufgefasst werden müssen, sondern als kritisierbare implizite Hypothesen behandelt werden können.[6]

Denn das, was Kuhn als „Anomalien" bezeichnet, sind ja bestimmte Einzelheiten, die zu einer bestimmten „Gestalt" nicht passen. Und diese Einzelheiten können eben als Ausgangspunkte der Kritik dienen. Sie können nämlich zeigen, dass die „Gestalten" *diskret* immer fallible Gestalt*vorstellungen* bzw. *implizite Hypothesen* sind – letztere sind diejenigen, die solche psychologischen Gestalten erst formen. Macht man sie explizit, kann man sie problemlos kritisieren wie jedes andere Vorurteil.

Kuhns These von der Inkommensurabilität der Paradigmen ist deshalb gewissermaßen „weltlos". Genau genommen beschreibt er den Forscher als einen paradigmatischen Psychotiker, der sich nicht – oder jedenfalls nicht argumentativ oder experimentell, sondern nur durch massive Überredung – von einer bestimmten falschen Weltsicht befreien kann. Denn genau wie einem Psychotiker

---

[6] Andersson, KW, S. 121.

wird dem Wissenschaftler die Fähigkeit zu einem „Gestaltwechsel" im Zusammenhang kritischer Überlegungen abgesprochen – der soll nur irrational erfolgen können. Aber sogar der Psychotiker ist zumindest prinzipiell (etwa temporär in nicht manischen oder depressiven Phasen) in der Lage, sich auch argumentativ Rechenschaft über seinen Zustand zu geben. Um wie viel mehr sollten wir diese Fähigkeit wohl einem Wissenschaftler zubilligen. Diese ganze wissenschaftsgeschichtliche Interpretation des Verhaltens von Wissenschaftlern in Forschungssituationen mutet denn auch ein bisschen an wie eine Sprechstunde beim Psychoanalytiker, oder meinethalben auch beim philosophischen Anthropologen, die sich verständnis-sinnig über den Primitiven beugen, um ihm eine Gestalt für eine Hypothese vorzumachen sozusagen. Aber es gibt in der Erkenntnis nichts Un*mittel*bares. Um eine Gestalt zu fabrizieren, benötigt das Gehirn das *Mittel* einer entsprechenden impliziten Hypothese – und Hypothesen können eben falsch sein, weshalb sie alles andere als „unhintergehbar" sind – ob man sie nun als Vorurteile oder Paradigmen bezeichnen möchte.

Kuhn bezweifelt aber nicht nur, dass Wissenschaftler genuin kritisch bzw. falsifikationistisch vorgehen. Er bezweifelt eben auch, dass methodologisch korrekte Falsifikationen überhaupt möglich sind. Und zwar wohl in der Hauptsache, weil er nicht sieht, dass schon die geringste Veränderung an einer Theorie, die aufgrund einer Falsifikation unternommen wird, eine echte Modifikation der Theorie darstellt, mit der de facto eingeräumt wird, dass man aus der Falsifikation etwas gelernt hat.

Häufig genug wird – auch von vielen anderen Autoren – angenommen, dass im Falle einer Falsifikation eine Theorie insgesamt unbrauchbar geworden ist. Das ist natürlich falsch. Abgesehen von dem Fall der Falsifikation einer einzelnen Hypothese, wird ja immer nur gezeigt, dass die *Konjunktion* aller Prämissen (also der Hypothesen, Hilfshypothesen und/oder Randbedingungen) nicht wahr sein kann. *Welche* unter ihnen falsch sind (und ob das eine ist oder ob es mehrere sind), kann aber *nicht logisch* gezeigt werden, denn das ist ein empirisches Problem, dessen Lösung immer auch neue theoretische Überlegungen bezüglich unseres Hintergrundwissens erfordert. Findet man die falschen Voraussetzungen durch neue theoretische Überlegungen oder empirische Hinweise, kann man sie eliminieren und den Rest der Theorie (vielleicht mit addierten neuen Prämissen) durchaus noch einmal in den Ring schicken. Was aber bei einer gelungenen Falsifikation immer stattfindet, ist ein echter Lernprozess. Darauf hat besonders Andersson immer wieder hingewiesen. Man findet eben heraus, dass die Theorie, so wie sie ursprünglich aufgestellt wurde, in der Konjunktion der bisherigen Prämissen, nicht wahr sein kann – aufgrund der logischen Erkenntnis, dass aus lauter wahren Prämissen keine falsche Konklusion ableitbar ist.

Andersson geht nun folgendermaßen auf Kuhns gestaltpsychologische Vorstellung von mit *wissenschaftlichen Revolutionen* verbundenen Wandlungen des Weltbildes ein. Als Beispiel für eine solche Wandlung hatte Kuhn die Entdeckung des Uranus (1781) durch William Herschel herangezogen. Uranus wurde offenbar schon vor Herschel beobachtet, dabei aber für einen Stern gehalten. Andersson schreibt:

Die Entdeckung des Uranus wird von Kuhn mit einem Gestaltwechsel verglichen, mit einem Wechsel von der Wahrnehmung der Gestalt eines Sterns zu der Wahrnehmung der Gestalt eines Planeten. Vor und nach 1781 wurden beim Beobachten des gleichen Objekts verschiedene Prüfsätze behauptet: ,An k gibt es einen Stern' und ,An l gibt es einen Planeten.' Vor und nach der Entdeckung wurden also *heterotype Prüfsätze* behauptet.[7]

Gemeint ist also die Entdeckung *als* Planet (k und l stehen für verschiedene Raum-Zeit-Punkte). Kuhn erklärt diese veränderte Sehweise mit einer „geringfügigen Paradigmaverschiebung", durch die Herschels Entdeckung gewissermaßen gestaltpsychologisch „determiniert" gewesen sei. Andererseits redet Kuhn aber davon, dass Herschel erst durch „die anomalen Ausmaße" beobachteter Planeten „wachsam gemacht" worden sei.[8]

Andersson schreibt dazu:

> Allerdings hebt Kuhn hervor, daß die Paradigmaveränderung nicht Ursache der Entdeckung gewesen sei, sondern eher ihr Resultat. Die Ursache der Entdeckung und damit des Gestaltwechsels seien einige von Herschel wahrgenommene ,Anomalien' gewesen, wie die Scheibenform und die Eigenbewegung des Uranus. Durch ein verbessertes Fernrohr war er in der Lage, die Scheibenform des Uranus festzustellen. Laut Kuhn zog Herschel daraus die Konklusion, dass irgendetwas nicht stimmte. Was stimmte nicht? Um

---

[7] Andersson, KW, S. 112.
[8] Thomas S. Kuhn, *Die Struktur wissenschaftlicher Revolutionen*, Frankfurt am Main, 1976, S. 128.

das zu verstehen, ist es zweckmäßig, von folgender Prognosededuktion auszugehen:[9]

Ich schreibe Anderssons Deduktionen hier wieder mit äquivalenter Tastatur-Notation:

„An der Raum-Zeit-Stelle k gibt es einen Fixstern. (Pk)

Alle Fixsterne sind so weit entfernt, dass sie im Fernrohr punktförmig aussehen. (HH)
An der Raum-Zeit-Stelle k gibt es ein Objekt, das im Fernrohr punktförmig aussieht. (Qk)

oder

$$Pk, HH \mid\!- Qk \qquad (4.1)$$

Mit seinem verbesserten Fernrohr war Herschel in der Lage, die Scheibenform des Uranus zu beobachten. Er konnte den Prüfsatz „An k gibt es ein Objekt, das im Fernrohr nicht punktförmig aussieht" ($\sim Qk$) behaupten, der zusammen mit der Hilfshypothese (HH) den Prüfsatz „An k gibt es einen Fixstern" (Pk) falsifiziert:

$$\sim Qk, HH \mid\!- \sim Pk \qquad (4.2)$$

Es ist auch möglich, folgenden falsifizierenden Schluß zu ziehen:

$$\sim Qk \mid\!- \sim (Pk \,\&\, HH) \qquad (4.3)$$

---
[9] Andersson, KW, S. 112.

Die Schlüsse (4.1), (4.2) und (4.3) sind metalogisch äquivalent. Da aber die Hilfshypothese (*HH*) bei der Diskussion um den Uranus nicht überprüft, sondern vorausgesetzt wurde, ist der falsifizierende Schluß (4.2) vorzuziehen."[10]

Und zwar eben, weil hier *Pk* isoliert falsifiziert werden kann. Die Deduktion mit einer Hilfshypothese unter den falsifizierenden Prämissen (4.2) stellt einen weiteren Typ von Falsifikation und damit erneut eine Erweiterung der *Falsifikations-Methodologie* dar, die wir ebenfalls *Andersson* verdanken. Diese Erweiterungen sind nicht nur logisch unproblematisch, sondern eben auch ein starker methodologischer Gewinn. Bei Popper werden nur singuläre Prüfsätze in den falsifizierenden Prämissen behandelt. Das stellt eine unnötige Einschränkung dar. Ich denke, Anderssons Erweiterung hätte auch Popper überzeugt. Andersson scheint ihn aber nicht auf seine Veröffentlichung hingewiesen zu haben, so dass er sie vermutlich gar nicht mehr kennen gelernt hat. (4.2) zeigt darüber hinaus:

> wie ein Prüfsatz mit einem anderen Prüfsatz kritisiert werden kann; sie zeigt die Bedeutung der (...) Deduktion heterotyper Prüfsätze. Kuhn nennt die Scheibenform des Uranus eine Anomalie. Es ist interessant, daß der entsprechende Prüfsatz als ein falsifizierender, heterotyper Prüfsatz aufgefaßt werden kann (...) Es ist zwar möglich, die Diskussion um Uranus als eine Diskussion einzelner Prüfsätze aufzufassen; es ist aber realistischer, sie als eine Diskussion verschiedener Hypothesen zu behandeln, z. B. als eine Diskussion der Hypothese *H* „Uranus ist ein Fixstern". Folgende Prognosededuktion ist möglich:

---

[10] Andersson, KW, S. 112–113.

An k wird Uranus mit Fernrohr beobachtet.
(Randbedingung: R)
Uranus ist ein Fixstern. (Hypothese: H)

Alle Fixsterne sind so weit entfernt, daß sie im Fernrohr punktförmig aussehen. (Hilfshypothese: HH)

An k sieht Uranus mit Fernrohr punktförmig aus. (Prognose: P)

Die Prognosededuktion ist nun in der Tat metalogisch äquivalent mit der Falsifikation[11]:

An k wird Uranus mit dem Fernrohr beobachtet
(Randbedingung: R)
An k sieht Uranus im Fernrohr nicht punktförmig aus.
(Negation der Prognose: $\sim P$)
Alle Fixsterne sind so weit entfernt, daß sie im Fernrohr punktförmig aussehen. (Hilfshypothese: HH)

Uranus ist kein Fixstern. (Negation der Hypothese: $\sim H$)

Hier haben wir wieder eine isolierte Falsifikation der Hypothese, um die es ging. Sofern man HH als falsifizierende Hypothese einschließt, ist die Falsifikation überdies jederzeit reproduzierbar. Wir sehen, wenn man Gestalten als implizite Hypothesen betrachtet und sie in der Deduktion explizit macht, lösen sich alle von Kuhn behaupteten Gestalt-„Determinationen" und entsprechende Inkom-

---
[11] Andersson, KW, S. 113.

mensurabilitäten zwischen verschiedenen Paradigmen in Luft auf.

Kuhns *Hauptbeispiel* für eine wissenschaftliche Revolution ist aber die *Kopernikanische Wende*. Hier ergab sich die kompliziertere Situation, dass beide Paradigmen (das Kopernikanische und das Ptolemäische) von denselben Planetenpositionen ausgingen. Streitpunkt war nur der Mond. Kuhn behauptete: Mit dem Ptolemäischen Paradigma hätten die Wissenschaftler „gesehen", dass der Mond ein *Planet* sei, mit dem Kopernikanischen, dass er *ein Satellit der Erde* sei. Kuhn setzt hier aber wieder schlicht eine Interpretation bzw. eine *implizite Hypothese* mit einem unmittelbaren Sehen gleich – eine Folge seiner notorischen Umdeutungen von impliziten Hypothesen zu Gestaltwahrnehmungen.

Andersson schreibt dazu:

> Dieses Beispiel eines Gestaltwechsels ist nicht überzeugend. Es kann nicht gesehen werden, daß der Mond ein Planet oder Satellit ist. Unmittelbar werden nur die Positionen des Mondes gesehen. Diese wechselnden Positionen können mit verschiedenen Hypothesen über die Bewegung des Mondes erklärt werden.[12]

Nun unterscheiden sich die beiden „Paradigmen" in Bezug auf den *Orbit* des Mondes aber überhaupt nicht, beide gehen davon aus, dass sich der Mond um die Erde bewegt. Denn bei Ptolemäus bewegen sich *alle* Planeten (und darum auch der als Planet betrachtete Mond) um die Erde, bei Kopernikus bewegt sich nur der Mond (als Trabant) um die Erde. Und deshalb kann die Kopernikanische Revolution

---
[12] Andersson, KW, S. 115.

gar „keine Wahrnehmungsveränderungen und keinen Gestaltwechsel beim Beobachten des Mondes verursachen", wie Andersson treffend bemerkt. Damit ist Kuhns Behauptung, der Mond sei nach der Kopernikanischen Revolution anders gesehen worden als vorher, im wahrsten Sinne nicht nur gegenstandslos, sondern sogar *paradigma*los – was für Kuhn ja viel schlimmer sein muss.

Andersson zeigt außerdem, dass es in allen Kuhnschen Beispielen angeblich inkommensurabler Theorien möglich ist, „gemeinsame und unproblematische Prüfsätze abzuleiten."[13]

Sehen wir uns die *chemische Revolution* bzw. die Diskussion der Phlogiston- und der Sauerstofftheorie an, so „sahen" nach Kuhn die Vertreter der Sauerstofftheorie (um Antoine Laurent de Lavoisier) die Natur anders als die Vertreter von Georg Ernst Stahls Phlogiston-Theorie (um Joseph Priestley). Wo Priestley Luft ohne Phlogiston gesehen habe, habe Lavoisier Sauerstoff gesehen.

Die entsprechenden Prüfsätze lauten: „An k gibt es entphlogistizierte Luft" und „An k gibt es Sauerstoff". Man wird auch hier kaum sagen wollen, dass diese Aussagen die *Beobachtungen* oder *Gestaltwahrnehmungen* der Forscher wiedergaben. Schließlich entstanden diese Vermutungen indirekt über Experimente. Bei ihren Experimenten mit rotem Quecksilberoxid konstatierten vielmehr beide nur, „daß ein farbloses Gas gebildet wurde, das andere chemische Eigenschaften hatte als die damals bekannten Gase." Die erste Hypothese, dass es sich um Kohlendioxid handeln könnte, wurde sofort widerlegt mit der gut bewährten Hilfshypothese: „Kohlendioxid ist in Wasser leicht lösbar."

---

[13] Andersson, KW, S. 116.

Denn beobachtet wurde, dass das neue Gas in Wasser *schwer* lösbar war.

Die entsprechende Falsifikation hat also dieselbe logische Struktur wie die Falsifikation der Fixstern-Hypothese bezüglich Uranus:

Für die Diskussion des Prüfsatzes „An k gibt es das Gas Kohlendioxid" ist folgende Prognosededuktion grundlegend:

$$\frac{\text{An } k \text{ gibt es das Gas Kohlendioxid. } (Pk)}{\text{Kohlendioxid ist in Wasser leicht lösbar. } (HH)}$$
$$\text{An } k \text{ gibt es ein Gas, das in Wasser leicht lösbar ist } (Qk)$$

Falsifizierender Schluß also (falls HH akzeptiert wird)[14]:

$$\frac{\text{An } k \text{ gibt es kein Gas, das in Wasser leicht lösbar ist. } (\sim Qk)}{\text{Kohlendioxid ist in Wasser leicht lösbar. } (HH)}$$
$$\text{An } k \text{ gibt es kein Gas Kohlendioxid. } (\sim Pk)$$

Die Prüfsätze über die Lösbarkeit waren unproblematisch und wurden von Lavoisier *und* Priestley akzeptiert. Beide gingen also von einer Falsifikation aus, auch wenn sie das sicherlich nicht so genannt haben.

In der Folge wurde überdies eine Reihe von weiteren Hypothesen widerlegt: „Von einem Sehen von entphlogistizierter Luft kann also nicht die Rede sein." Nach vielen Experimenten vermutet Priestley gewöhnliche Luft. Widerlegt wurde diese Vermutung erst durch die zufällige Entdeckung:

---

[14] Andersson, KW, S. 117.

daß eine Maus in einer bestimmten Menge des Gases viel länger leben konnte als in gewöhnlicher Luft (…) Weitere Experimente bestätigten, daß das neue Gas andere chemische Eigenschaften als gewöhnliche Luft hatte. Erst nach diesen Experimenten nahm Priestley an, daß ein unbekanntes Gas entdeckt worden sei. Als Anhänger der Phlogistontheorie vermutet Priestley (er sieht es nicht), daß entphlogistizierte Luft gebildet worden war. Dies war der entscheidende Schritt bei der Entdeckung von dem, was wir heute Sauerstoff nennen.[15]

Andersson schreibt, dass Lavoisier die Phlogiston-Theorie schon vor Priestleys Entdeckung in Frage gestellt hatte. Die Theorie forderte, dass bei der Verbrennung eines Stoffes Phlogiston an die Luft abgegeben werden sollte. Es wurde also vermutet, dass die Verbrennung mit einer Gewichtsabnahme des Stoffes verbunden sei. Lavoisier stellte aber experimentell fest, dass z. B. Schwefel und Phosphor bei Verbrennung an Gewicht zunahmen und vermutete deshalb, dass bei der Verbrennung etwas aus der Luft aufgenommen wird:

Zuerst vermutete er, dass gewöhnliche Luft in einem besonders sauberen Zustand aufgenommen werde. In diesem Stadium nahm er wie vorher schon Priestley an, dass bei starker Erhitzung von rotem Quecksilberoxid gewöhnliche Luft entstehe. Nachdem Lavoisier von Priestleys weiteren Experimenten erfahren hatte, vermutete er, dass nur ein Teil der Luft bei der Verbrennung aufgenommen wird und für die Verbrennung eines Stoffes notwendig ist. Diesen Teil der Luft nannte Lavoisier Sauerstoff.[16]

---

[15] Andersson, KW, S. 117.
[16] Andersson, KW, S. 118.

Diese Untersuchungen zeigen: weder Priestley noch Lavoisier *sahen* entphlogistizierte Luft bzw. Sauerstoff. Sie nahmen sie hypothetisch an, „um die Resultate bestimmter Experimente erklären zu können."

Entphlogistizierte Luft bzw. Sauerstoff wurden von beiden erst am Ende eines langen Lernprozesses „gesehen" – und zwar rein hypothetisch. In diesem Zusammenhang waren ihre Prüfsätze „nicht nur kommensurabel, sondern sogar vom gleichen Typ (homotyp)":

Das Beispiel zeigt, daß das gestaltpsychologische Modell Kuhn dazu führt, etwas als Beobachtung auszugeben, was geschichtlich betrachtet eine Erklärung ist. Es ist richtig, dass Priestley und Lavoisier verschiedene Erklärungen chemischer Experimente gaben. Es ist nicht richtig, dass sie von verschiedenen Beobachtungen ausgingen, oder gar, daß sie in verschiedenen Welten lebten.

So können alle von Kuhn gegebenen wissenschaftsgeschichtlichen Beschreibungen für die Inkommensurabilitätsthese analysiert werden. Was Kuhn als direkte Gestaltwahrnehmung ausgibt, wurde geschichtlich betrachtet als hypothetische Erklärungen empirisch geprüft und diskutiert.[17]

Es bleibt überdies festzuhalten: Kuhn hat die falsifikationistische Methodologie in ihrem konsequenten Fallibilismus nicht verstanden. Er ist davon ausgegangen, dass Popper sichere Basissätze bzw. sichere Falsifikatoren proklamiert hätte – was schlicht falsch ist. Überdies glaubt Kuhn *selbst* (genauso wie Imre Lakatos), dass Falsifikationen sicher sein

---

[17] Andersson, KW, S. 118.

müssen, damit sie einen Sinn ergeben – was ebenfalls falsch ist. Ferner hat er nirgends eine Alternative formuliert, seine eigene Position also als *erkenntnistheoretischen Relativismus* hinterlassen. Das scheint nur konsequent, da er den Relativismus ja schon der gesamten Forschung zugeschrieben hatte.

Kuhn hat aus der Theoriegetränktheit der Erfahrung auf die Inkommensurabilität unterschiedlicher Paradigmata geschlossen. Popper hatte ebenfalls von der Theoriegetränktheit der Erfahrung gesprochen, hat indessen den Inkommensurabilitäts-Schluss nicht gezogen, weil er die Theorieabhängigkeit der Erfahrung *nicht deterministisch* aufgefasst hat wie Kuhn. Er hat deshalb auch den weniger fatalistisch klingenden Ausdruck der Theorie*getränktheit* gegenüber dem der Theorie*abhängigkeit* bevorzugt. Dass dieser Glaube an deterministische Gestaltwahrnehmungen nicht die Realität der Forschung beschreibt, hat Andersson mit seiner Arbeit ganz klar gemacht.

Die gestaltpsychologische Interpretation der Prüfsätze ist der kritizistischen Hypothesen-Interpretation nicht nur methodologisch unterlegen, sie ist auch wissenschaftsgeschichtlich unrealistisch.

Die Theoriegetränktheit im Sinne der *Beeinflussung* der Erfahrung durch theoretische Hintergründe, – nicht die *gestaltpsychologische Quasi-Determination* der Erfahrung – wird seit Popper nicht nur von den kritischen Rationalisten, sondern auch von der Mehrheit der Forscher als plausibel – bzw. ihre Forschungspraxis korrekt beschreibend – betrachtet. Die Inkommensurabilitäts-These wird dagegen als unrealistisch betrachtet, denn: Gestaltwahrnehmungen scheinen nur psychologisch betrachtet unmittelbar, wir wissen aber, dass sie das erkenntnistheoretisch betrachtet gar nicht sein können. Anders gesagt: Gestaltwahrnehmungen sind *erkenntnis-diskret* implizite Hypothesen, die die jeweilige *Erkenntnis*-Gestalt erst produzieren. Befreit man sie aus ihrem unbewussten Dasein, können sie kritisch diskutiert werden, wie alle anderen Vorurteile auch.

4.2 Lakatos' Prüfsatz-Konventionalismus

Imre Lakatos erkennt Kuhns Relativismus, war aber von dessen Kritik des Falsifikationismus trotzdem so verunsichert, dass er einen resignativen Prüfsatz-Konventionalismus entwickelt hat. Auch er, ursprünglich kritischer Rationalist (ebenso wie Feyerabend), glaubt, dass Popper *Sicherheit* für Prüfsätze gefordert hätte. Und er denkt genau wie Kuhn, dass sie auch nötig sei für gültige Falsifikationen. Er analysiert und kritisiert Kuhns Quasi-Theologie bzw. dessen Wissenschaftsmystizismus zunächst völlig richtig:

> Nach Kuhn ist der Wandel der Wissenschaft – von einem ‚Paradigma' zum anderen – ein Akt mystischer Bekehrung, der von Vernunftregeln weder gelenkt wird noch gelenkt werden kann und der völlig dem Bereich der *(Sozial-)Psychologie der Forschung* angehört. Mit anderen Worten: der Wandel der Wissenschaft ist eine Art religiösen Wandels.[18]

---

[18] Imre Lakatos, „Falsifikation und Methodologie wissenschaftlicher Forschungsprogramme". In: *Kritik und Erkenntnisfortschritt*. Braunschweig 1974, S. 90.

Lakatos glaubt überdies aber eben auch, dass Popper zunächst einen dogmatischen Falsifikationismus (mit sicheren Basissätzen) vertreten habe, obwohl er, wie er selbst einräumt, keinen Hinweis dafür in Poppers Schriften finden kann. Andersson schreibt dazu:

> Es ist deshalb ratsam, den dogmatischen Falsifikationismus als eine von Lakatos konstruierte Variante des Falsifikationismus zu betrachten, die mit Popper nicht in Verbindung gebracht werden sollte. Sie ist aber insofern interessant, als sie ein gewöhnliches begründungsphilosophisches Missverständnis des Falsifikationismus aufzeigt.[19]

Lakatos rügt, dass der dogmatische Falsifikationist „keinen konsequenten Fallibilismus" vertritt, eben, „weil er Basissätze und auch Falsifikationen als infallibel betrachtet." Man könnte hinzufügen, dass der so Charakterisierte *überhaupt keinen* Fallibilismus vertritt, geschweige denn einen konsequenten – falls es diese Sorte Falsifikationisten denn überhaupt gäbe. Für eine sichere Falsifikation reichen aber Lakatos Meinung nach nicht einmal sichere Basissätze aus, denn selbst wenn die sicher wären, seien doch „gerade die am meisten bewunderten Theorien (…) einfach nicht imstande, beobachtbare Sachverhalte zu verbieten." Und zwar, weil es ja immer möglich sei, kritik-immunisierende Hilfshypothesen einzuführen. Das sind aber zwei verschiedene Behauptungen, die zunächst mal gar nichts miteinander zu tun haben. Die *erste* Behauptung ist schlicht falsch: Jede streng allgemeine Behauptung, also jeder All-Satz ist, wie wir gesehen haben, sogar äquivalent zu einem

---
[19] Andersson, KW, S. 49.

entsprechenden singulären Es-gibt-nicht-Satz. Dadurch kann man alle unsere Naturgesetze auch als Es-gibt-nicht-Sätze bzw. Verbote auffassen. Popper hat genau das getan:

> Da die naturwissenschaftlichen Theorien, die Naturgesetze, die logische Form von Allsätzen haben, so kann man sie auch in Form der Negation eines ‚Es-gibt-Satzes' aussprechen, d. h. in Form eines ‚Es-gibt-nicht-Satzes'. So kann man den Satz von der Erhaltung der Energie bekanntlich auch in der Form aussprechen: ‚Es gibt kein perpetuum mobile'.[20]

Die *zweite* Behauptung von Lakatos, dass es immer möglich sei, kritik-immunisierende Hilfshypothesen einzuführen, weist aber gerade auf den Lerneffekt hin, der aus einer Falsifikation gewonnen wurde. Wenn ich eine neue Hilfshypothese nicht zur Kritik bzw. als addierte falsifizierende Prämisse einsetze, sondern als Ad-hoc-Addition zu einer von der Falsifikation betroffenen Theorie, also einzig aus Rettungs- bzw. Immunisierungs-Motivationen heraus, gebe ich damit zu, dass mich die Falsifikation auf eine Schwäche der Theorie in ihrer bisherigen Form aufmerksam gemacht hat. Mit der so veränderten Theorie ist aber eine *neue*, eben veränderte Theorie (T_2) aufgestellt worden, mit der man die alte Theorie (T_1) nicht retten kann, *letztere* ist, wir haben es schon erwähnt, (aus rein logischen Gründen) immer noch falsifiziert, falls der Falsifikator nicht angegriffen werden kann.

Kuhn hielt das Fehlen eines archimedischen Punktes, also das *Fehlen* einer Dogmatik im Falsifikationismus,

---

[20] Karl R. Popper, Logik der Forschung, J. C. B. Mohr, 1984, S. 39.

aber gerade für eine grundlegende Schwierigkeit des Falsifikationismus. Für ihn ergab sich aus dem konsequenten Fallibilismus in Bezug auf den Falsifikationismus eine skeptizistische Konsequenz. Andersson schreibt über Kuhn:

> Weil Beobachtungssätze fallibel sind, behauptet er, daß die ‚logische Schablone' der Widerlegung durch den direkten Vergleich mit der Natur nicht haltbar sei. Kuhn weiß, daß Popper ein konsequenter Fallibilist ist, der behauptet, daß auch Beobachtungssätze fallibel sind. Kuhn ist aber der Auffassung, daß konsequenter Fallibilismus und Falsifikationismus unvereinbar sind. Das ist der Grund für seine paradoxe Aussage: ‚Obwohl Sir Karl kein naiver Falsifikationist ist, dürfen wir ihn mit Recht als einen solchen behandeln.' Laut Kuhn sieht Popper zwar ein, dass Beobachtungssätze fallibel sind, muß aber in seiner Methodologie annehmen, dass Beobachtungssätze sicher sind.[21]

Das sagt Kuhn übrigens unmittelbar nachdem er (S. 14) Poppers konsequent fallibilistischen Falsifikationismus zitiert hatte:

> In Wirklichkeit kann ja ein zwingender Grund für die Unhaltbarkeit eines Systems nie erbracht werden, da man ja stets z. B. die experimentellen Ergebnisse als nicht zuverlässig bezeichnen oder etwa behaupten kann, der Widerspruch zwischen diesen und dem System sei nur ein scheinbarer und werde sich mit Hilfe neuer Einsichten beheben lassen.[22]

---

[21] Gunnar Andersson, *Voraussetzungen und Grenzen der Wissenschaft*, J. C. B. Mohr 1981, S. 256.
[22] Karl R. Popper, *Logic of Scientific Discovery*, 1959, S. 50.

Hierin sieht Kuhn „einen neuen gemeinsamen Zug zwischen Sir Karls Ansichten und den meinigen." Das ist natürlich absurd. Stattdessen wird im letzten Satz wohl eher klar, dass er Poppers Kritik an Schuldschein-Philosophien (zukünftige „neue Einsichten") überhaupt nicht verstanden hat. Gleich darauf, sozusagen im selben Atemzug schreibt er auch noch:

> Nachdem er die zwingende Widerlegung verworfen hat, hatte er keinen Ersatz dafür zur Verfügung gestellt.[23]

Erstens ist nicht zu ermitteln, wie er darauf kommt, dass es bei Popper je die Vorstellung von der Notwendigkeit einer zwingenden Widerlegung gab. Bei Popper kann er das jedenfalls nicht gelesen haben. Also bleibt nur zu vermuten, dass er selbst eine zwingende Widerlegung für notwendig hält, was seine Verhaftung im begründungsphilosophischen Denken dokumentiert. Zweitens hat er im obigen Popper-Zitat *gerade* Poppers Fallibilismus zur Kenntnis nehmen können. Kuhn bietet hier also eine widersprüchliche Kritik an, die man sicherlich nicht nur als sachlich verfehlt, sondern auch als hochgradig uneinsichtig betrachten kann, denn er fragt,

> Was ist die Falsifikation, wenn nicht eine zwingende Widerlegung? Unter welchen Bedingungen verlangt die Logik der Forschung von dem Wissenschaftler, dass er eine früher akzeptierte Theorie aufgebe, nicht angesichts irgendwelcher Aussagen über Experimente, sondern angesichts

---

[23] Thomas S. Kuhn, „Logik der Forschung oder Psychologie der wissenschaftlichen Arbeit?" in *Kritik und Wissenschaftsgeschichte*, Vieweg, 1974, S. 15.

der Experimente selber? Solange die Aufklärung dieser Fragen in der Schwebe gelassen wird, bin ich mir dessen gar nicht sicher, ob wir Sir Karl überhaupt eine *Logik* der Forschung zu verdanken haben. Ich würde als Konklusion eher behaupten, dass es etwas völlig anderes, wenn auch ebenso Wertvolles ist. Die Lehre von Sir Karl ist nicht so sehr eine Logik als eher eine Ideologie. Diese Lehre enthält nicht so sehr methodologische Regeln als eher Maximen des Vorgehens.[24]

Popper hat diese „Fragen" so häufig und gründlich beantwortet, dass Kuhns „Konklusion" eigentlich nur als lächerlich ignorante Denunziation ohne den geringsten Gehalt gewertet werden kann. An den folgenden Formulierungen kann man ablesen, dass er eine Methodologie wie ein Zwangsinstrument für Wissenschaftler versteht. Eine Methodologie kann aber nicht wahr oder falsch sein, wie eine Theorie, sondern – als ein *technisch normatives Instrument* – nur funktionieren oder nicht. Sie selbst ist keine Behauptungsmenge. Eine Ideologie ist dagegen eine Behauptungsmenge. Kuhn ist einfach nicht in der Lage Normatives von Erkenntnistheoretischem zu trennen. Damit hatte ja auch die so genannte „Kritische" Theorie (der deutsche Soziologismus in der Philosophie) so ihre Schwierigkeiten. Darüber hinaus hatte Kuhn überhaupt keine Vorstellung von den pragmatischen Freiheitsgraden in der falsifikationistischen *Methodologie*. Denn *hier* geht es, anders als in der Erkenntnistheorie des kritischen Rationalismus, tatsächlich um pragmatische Fragen.

---

[24] Kuhn in *Kritik…*, S. 16.

Diese Uneinsicht in das Lernen aus Falsifikationen, das ganz und gar nicht mit der völligen Verwerfung von Theorien einhergehen muss, ist bezeichnend für Begründungsphilosophen. Das, was Kuhn hier in absurder Weise Popper vorwirft, sucht und fabriziert *er selbst*: Ideologie. Alle Konventionalisten und erkenntnistheoretischen Pragmatisten produzieren ja diese Ideologien, weil sie nicht Aussagen mit Beobachtungen/Tests vergleichen wollen, sondern nur Aussagen mit Aussagen. Und nur Relativisten wie Kuhn kommen auf die Idee, dass in der Wissenschaft *keine* Theorien überprüft werden, sondern „einzelne Wissenschaftler", sozusagen durch sich selbst, beim „Rätsellösen". Er glaubt also offenbar an so etwas wie „freiwillige Selbstkontrolle" in der Wissenschaft. Aber die Wissenschaft ist eben – *aufgrund ihrer falsifikativen Methodologie* – nicht auf freiwillige Selbstkontrolle angewiesen, welche ja im übrigen auch sonst nirgendwo funktioniert. Es kommt indessen noch absurder. Er nimmt im Ernst an: „Charakteristisch für den Übergang zur Wissenschaft ist eben die Tatsache, daß man die kritische Diskussion verabschiedet." Gemeint ist hier der Übergang von der Philosophie zur Wissenschaft. Während für Popper die Tradition der kritischen Diskussion in der Wissenschaft grundlegend ist und bis zur Philosophie der Vorsokratiker zurückverfolgt werden kann, ist Kuhn der Meinung: Schon in der Hellenistischen Periode habe man diese Art Diskussion zugunsten des „Rätsellösens" aufgegeben.[25]

Lakatos hat ein anderes Missverständnis kultiviert: die Einschätzung der Popperschen Philosophie als

---

[25] Kuhn in *Kritik* …, S. 6–7.

konventionalistisch hinsichtlich der Basissätze. Davon hat er sich sicherlich auch zu seinem Prüfsatz-Konventionalismus ermutigen lassen, den er als Rettungsversuch für den kritischen Rationalismus verstanden hat. Es gibt zwei Passagen in Poppers Schriften, die kontextfrei gelesen diesen Eindruck zunächst zu bestätigen scheinen. Allerdings nur, *wenn* man den bei Popper unübersehbaren *konsequenten Fallibilismus* und damit auch die dadurch *methodologisch eingebaute* prinzipielle Möglichkeit der Revidierung der Basis- bzw. Prüfsätze im Falle einer relevanten Kritik, nicht zur Kenntnis nehmen will.

Die erste Passage lautet:

> Logisch betrachtet geht die Prüfung der Theorie auf Basissätze zurück, und diese werden durch Festsetzung anerkannt, Festsetzungen sind es somit, die über das Schicksal der Theorie entscheiden. Damit geben wir auf die Frage nach der Auszeichnung eine ähnliche Antwort wie der Konventionalismus.[26]

Hier wird aber bei genauerem Hinsehen lediglich eine *logische*, keine *empirische* Beurteilung (als Festsetzung) angegeben. Logisch betrachtet ist die temporäre Akzeptanz eines Falsifikators als stützend (wie auch Andersson bemerkt hat) eine Konvention, aber natürlich nur eine *vorläufige bzw. vorbehaltliche*, die jederzeit selbst angegriffen werden kann – und zwar jeweils mit neuen empirischen oder theoretischen Erkenntnissen zu den Prämissen der falsifizierenden Beobachtung. Daraus folgt, dass es *empirisch* betrachtet natürlich *keine* Konvention ist – und darauf kommt es ja

---
[26] Karl R. Popper, *Logik der Forschung*, J. C. B. Mohr, 1984, S. 73.

hier an. Die zweite Passage – in welcher der subtile dichotomische Charakter dieser Einschätzung deutlich gemacht wird – lautet denn auch:

> Während wir uns vom *Konventionalismus* durch die Auffassung unterscheiden, daß es *nicht allgemeine, sondern singuläre Sätze* sind, über die wir Festsetzungen machen, so liegt der Gegensatz zwischen uns und dem *Positivismus* in unserer Auffassung, daß die Entscheidungen über Basissätze nicht durch unsere Erlebnisse ‚begründet' werden, sondern, logisch betrachtet, *willkürliche Festsetzungen* sind (…)[27]

Hier wird von Popper ganz deutlich gemacht, dass man nach dem Wahrheits- bzw. Sicherheits-Dogmatismus der Logischen Empiristen bezüglich ihrer Basissätze nun nicht etwa eine falsifikationistische Sicherheit als Substitution dafür anbieten möchte, sondern dass man weiß, dass von den falsifikationistischen Prämissen ebenfalls keine Sicherheit ausgeht – und ihre vorläufige Akzeptanz *logisch* betrachtet eine Festsetzung ist. Es wird also klar, dass diese Bemerkungen (zu Konventionen) in erster Linie eine Kritik am rationalistischen Konventionalismus sowie am Begründungsansatz des Logischen Empirismus darstellen. Den Positivisten sollte klar gemacht werden, dass die Basissätze nicht durch so genannte „kompetente Beobachter" oder „kompetente Satzbeurteiler" als wahr oder auch nur wahrscheinlich wahr „verifiziert" werden können, sondern dass Basissätze *rein logisch* betrachtet lediglich Festsetzungen sind. Das heißt aber im Falsifikationismus natürlich nicht, dass sie *empirisch* willkürlich oder konventionell angenommen werden, *denn*

---
[27] Popper, LdF, S. 74.

Basissätze in ihrer Funktion als Falsifikatoren sorgen ja für die Rückübertragung der Falschheit der Prognose auf das theoretische System (von Hypothesen und Randbedingungen oder auch von einzelnen Hypothesen). Daran ist nichts Konventionalistisches. Da sie selbst fallibel bleiben, redet Popper in Bezug auf ihre vorläufige Anerkennung *logisch* (und nur logisch) betrachtet von einer Festsetzung bzw. Konvention. Er hätte den Begriff der Konvention aber vielleicht besser vermieden (und unmissverständlicher von einem *vorläufigen Vertrauen* oder von *vorläufiger Stützung* gesprochen – wie das später dann auch von anderen kritischen Rationalisten gehandhabt wurde), wenn man sieht, was sich daraus an Missverständnissen ergeben hat.

Andersson referiert dann Lakatos Beispiele für dessen Konventions-Behauptung. Der räumt ein, dass zwar logisch eine Falsifikation der Newtonschen Theorie vorliege, wenn Planeten von prognostizierten Bewegungen abwichen. Newtonianer würden aber eine Hilfshypothese einführen, die die Behauptung zum Inhalt hätte, dass die Bahnbewegungen durch einen bislang unsichtbaren Planeten gestört sein könnten usf.

> Lakatos fasst Poppers Antworten als Ausdruck eines methodologischen Falsifikationismus auf, der ‚eine Abart des Konventionalismus' sei.[28]

Basissätze werden bei Lakatos als echte Konventionen aufgefasst, sie sollen durch Fiat, also durch Abmachung regelrecht *unwiderlegbar gemacht* werden. Lakatos schreibt:

---
[28] Andersson, KW, S. 51.

> Unser Popperscher *revolutionärer Konventionalist* (oder ‚methodologischer Falsifikationist') macht durch Fiat gewisse (raum-zeitlich) singuläre Behauptungen unwiderlegbar, die durch den Umstand ausgezeichnet sind, dass jeder, der die Technik des betreffenden Gebietes beherrscht, imstande ist zu entscheiden, ob der Satz ‚annehmbar' ist.[29]

Man fragt sich, wo Lakatos das gelesen haben will, dass ein Basissatz „unwiderlegbar" gemacht werden soll. Bei Popper steht jedenfalls nichts dergleichen. Und ich gehöre *tatsächlich* zu denen, die *alle* seine Bücher gelesen haben. Man ist da eher unmittelbar an radikale Empiristen erinnert, die in diesem Zusammenhang auch in jüngerer Zeit noch von „kompetenten Satzbeurteilern" gesprochen haben, um zu „sicheren Basissätzen" für „sichere Induktionen" zu gelangen.[30]

Aber schlimmer noch, Lakatos hält dieses Unwiderlegbarmachen offenbar nicht nur für richtig, sondern möchte diese Methodologie sogar noch verstärken. Denn durch konventionelle Entscheidungen allein seien Basissätze nicht „unwiderlegbar" zu machen, findet Lakatos und hält daher zwei weitere Entscheidungen für notwendig. Die Entscheidung, beobachtbare Ereignisse als Basissätze zu betrachten und die Entscheidung, bestimmte Basissätze als unwiderlegbar anzunehmen. Damit ist der Fallibilismus natürlich restlos demoliert.

---

[29] Lakatos, „Falsifikation …", S. 104.
[30] Frank Hofmann-Grüneberg, *Radikal-empiristische Wahrheitstheorie*, Wien, 1988, S. 159 ff.

5
Kritik und Erkenntnisfortschritt

5.1 Die Kritik von John Watkins an Kuhns geschichtlichem Relativismus

„Gegen die ‚Normalwissenschaft'" nennt John Watkins seine Kritik an Kuhn. Man könnte sie als eine Reaktion der ersten Stunde auf den 60er-Jahre-Relativismus in der wissenschaftstheoretischen Diskussion betrachten. Watkins kam dabei schon genauso wie später Andersson mit den Bordmitteln des kritischen Rationalismus aus. Er schreibt:

(…) Kuhn hält ja die wissenschaftliche Gemeinschaft für eine ihrem Wesen nach geschlossene Gesellschaft, die nur zeitweise durch kollektive Nervenzusammenbrüche erschüttert wird, worauf jedoch der geistige Einklang bald wiederhergestellt wird. Dagegen soll nach Poppers Ansicht die wissenschaftliche Gemeinschaft eine offene Gesellschaft sein, und sie ist es auch in bedeutendem Maße; eine offene Gesellschaft also, in der keine Theorie – auch wenn sie vorherrschend und erfolgreich ist -, kein ‚Paradigma' (...) jemals heilig ist.[1]

Watkins beklagt sich in seinem Beitrag zu Recht darüber, dass Kuhn die wirklichen Unterschiede zu Popper in seinem Vortrag (verglichen mit seinem Buch[2]) unzulässig euphemisiert hat.

Über das Prüfen von Theorien während der „Normalwissenschaft" sagt Kuhn: dass „es letzten Endes der individuelle Wissenschaftler sei und nicht die gängige Theorie, die überprüft" werde (S. 5). Watkins schreibt dazu:

Sein Gedankengang ist der folgende. Das sogenannte ‚Überprüfen' ist in der Normalwissenschaft *kein* Prüfen von Theorien. Es bildet eher einen Teil des Rätsellösens. Gelenkt wird die Normalwissenschaft von irgendeinem Paradigma (oder einer vorherrschenden Theorie). Man hat blindes Vertrauen zum Paradigma. Aber es passt nicht vollkommen zu den experimentellen Befunden (...) Die Normalforschung besteht weitgehend in der Beseitigung solcher Anomalien, indem man geeignete Anpassungen durchführt, die das Paradigma selbst unberührt lassen (...) Darum mögen die ‚Prüfungen', die man innerhalb der Normalwissenschaft ausführt (...) zwar so *aussehen*, als ob sie Überprüfungen der geltenden Theorie wären, sie sind aber in Wirklichkeit doch Überprüfungen (...) der Geschicklichkeit des Experimentators im Lösen von Rätseln. Ist der Ausgang einer solchen ‚Prüfung' negativ, so trifft das

---

[1] John Watkins, „Gegen die ‚Normalwissenschaft'" in *Kritik und Erkenntnisfortschritt*, Vieweg, Braunschweig 1974, S. 26.
[2] Thomas S. Kuhn, *The Structure of Scientific Revolutions*, University of Chicago, 1962.

5 Kritik und Erkenntnisfortschritt

nicht die Theorie, sondern es schlägt auf den Experimentator zurück.[3]

So etwas wie echte Überprüfungen von Theorien kommen nach Kuhn nur in Zeiten „außergewöhnlicher Wissenschaft" und sehr selten vor:

> Für Kuhn ist die Normalwissenschaft, wie der Name schon sagt, der normale Zustand der Wissenschaft. Die außergewöhnliche Wissenschaft ist ein nicht normaler Zustand (…) Innerhalb der Normalwissenschaft wird eine echte Prüfung vorherrschender Theorien auf eine mysteriöse Weise psychologisch-soziologisch unmöglich gemacht.

Weil die Kuhnschen Forscher eben von ihrem jeweiligen Paradigma hypnotisiert scheinen. Keiner weiß so recht, warum das so sein soll. Auch Kuhn nicht. Er behauptet das einfach und erklärt es überdies zur geschichtlichen Tatsache. Watkins hat nun eine, wie ich finde, pikante Analogie zwischen dem, was Kuhn als Normalwissenschaft darstellt und theologischen und sogar astrologischen Praktiken festgestellt:

> Interessanterweise hat Kuhn (…) darauf hingewiesen, er wolle sich nicht der Ansicht Poppers anschließen, daß Astrologie eher Metaphysik als eine Wissenschaft sei. Man sieht sogleich, warum: Das sorgfältige Aufstellen eines Horoskops oder die Erstellung eines astrologischen Kalenders passt eigentlich sehr gut zu Kuhns Idee über die Normalforschung. Die Arbeit wird unter der Obhut

---
[3] Watkins, „Gegen", S. 27.

eines stabilen Systems von Lehren ausgeführt, das durch etwaiges prognostisches Versagen in den Augen der Astrologen nicht diskreditiert wird.[4]

Es dürfte klar sein, dass Kuhn – mit seiner Ergebenheitsadresse an die Theologie und sogar an die Astrologie – unter Wissenschaftlern wenn schon nicht allein so doch ziemlich einsam dasteht. Allerdings ist diese Wendung von ihm ziemlich unbekannt. Im Web findet man eher Lobhudeleien wie „einer der größten Wissenschaftstheoretiker" und dergl. uninformierte Verirrungen. Deshalb ist es Watkins zu danken, dass wir hier einen markanten Einblick in derartige Ausrutscher erhalten, die man in der seriösen Wissenschaftsdiskussion einfach nicht hinnehmen darf.

Im Lichte dieser merkwürdigen Haltung Kuhns könnte man seine Kritik am Falsifikationismus nämlich als eine viel weiter reichende quasi-theologische Kritik am ganzen „Unternehmen" der realen Wissenschaft betrachten. Watkins lädt uns denn auch ein, Kuhns Gedanken über Normalforschung einmal mit theologischen Praktiken zu vergleichen:

Man denke an einen Theologen, der über eine offenkundige Widersprüchlichkeit zweier Bibelstellen arbeitet. Die theologische Lehre versichert ihm, die Bibel enthalte, wenn richtig verstanden, keinerlei Widersprüche. Seine Aufgabe ist nun, einen Kommentar zu liefern, der überzeugend den Einklang der beiden Stellen nachweist. Es scheint, daß diese Arbeit im Grunde genommen jener ‚normalen' wissenschaftlichen Forschung sehr ähnlich ist, die Kuhn schildert.

---

[4] Watkins, „Gegen", S. 32–33.

5 Kritik und Erkenntnisfortschritt

Es gibt sogar Gründe für die Annahme, daß Kuhn eine derartige Analogie gar nicht in Abrede stellen würde. Denn das Werk *The Structure of Scientific Revolutions* enthält ja viele Andeutungen – manche explizit und manche implizit in der Wahl der Redewendungen – eines bedeutsamen Parallelismus von Wissenschaft, besonders von Normalwissenschaft, und Theologie.[5]

In diesem Zusammenhang fragt man sich natürlich auch nicht mehr, warum Kuhn daran interessiert ist, die *außergewöhnliche* Wissenschaft *ab-* und die *normale* Wissenschaft *auf*zuwerten (obwohl er letztere für „ein in sich uninteressantes Unternehmen hält" – welchen Sinn etwas Uninteressantes für die Wissenschaft hergeben soll, bleibt wiederum sein Geheimnis). Die erstere ist für ihn nämlich Krise, Chaos, „Shisma" (wie auch Watkins das beschreibt), welches sich nur in der baldigen Rückführung in den ruhigen Schoß der Normalwissenschaft bzw. der Kirche in normale Bahnen lenken lässt:

> Kuhn schildert die wissenschaftliche Erziehung als einen ‚Prozess der professionellen Initiation', der den Studenten auf die Mitgliedschaft in einer besonderen wissenschaftlichen Gemeinschaft vorbereitet. Die Erziehung des Wissenschaftlers sei eine strenge und harte Dressur, strenger und härter als jede andere, *ausgenommen vielleicht die der Theologie* (…) Er sagt (…) daß die Normalwissenschaft fundamentale Neuigkeiten unterdrückt, weil diese ihre Grundlagen leicht unterwühlen können. Und bei seiner Erörterung des Prozesses, in dem die Wissenschaft

---
[5] Watkins, „Gegen", S. 33.

ein altes Paradigma zurückweist und sich ein neues zu eigen macht, spricht Kuhn von einem ‚Bekehrungserlebnis' und fügt noch hinzu, dass eine solche Entscheidung nur aufgrund eines Glaubens möglich sei.[6]

In diesem Zusammenhang vermutet Watkins nun mit vollem Recht, dass Kuhn sich die wissenschaftliche Gemeinschaft im Wesentlichen wie eine religiöse Gemeinschaft vorstellt. In der Wissenschaft sieht Kuhn also die Religion des Wissenschaftlers – der an sein Paradigma glaubt wie an einen Katechismus. Der wird nur unter großen Mühen bekehrt, glaubt dann aber an ein anderes Paradigma, wiederum wie an einen Katechismus. Wir haben es bei Kuhn also nicht nur mit normativem Soziologismus statt Erkenntnistheorie, sondern auch noch mit religiösem Irrationalismus als Ersatz für Wissenschaftstheorie zu tun.

Bis hierher hatte Watkins der Diskussion halber so getan, als gäbe es Kuhns Zyklen von Normalwissenschaft mit darauf folgender außergewöhnlicher Wissenschaft, und wieder umgekehrt u. s. f. Nun aber wird die Behauptung solcher Zyklen von einer kritisch rationalen Position aus einfach mal grundsätzlich in Frage gestellt. Dazu erwähnt Watkins ein Gespräch mit Popper, der der Meinung war, dass man Newtons Lehre zwar als ein lange Zeit nicht angezweifeltes Paradigma betrachten könne, aber nicht die wesentlich fundamentalere Theorie der Materie. Und die Debatte darüber hat ja bis zum heutigen Tag nicht aufgehört:

---

[6] Watkins, „Gegen", S. 33–34.

wobei diskontinuierliche Materiebegriffe (die zu verschiedenen Atomtheorien geführt haben) und kontinuierliche Materiebegriffe (die zu verschiedenen Äther- und Feldtheorien geführt haben) sich immer gegenüberstanden.[7]

Im übrigen sollte man wohl erwähnen, dass es zwischen Leibniz und Newton (trotz ihrer unabhängigen, aber ansonsten äquivalenten Arbeiten zur Infinitesimal-Rechnung) starke Unterschiede in ihren jeweiligen „Paradigmen" gab, die von Zeitgenossen streitbar diskutiert wurden (wobei, um nur die Bekanntesten zu nennen: Emilie Du Chatelet sich für Leibniz und Voltaire sich für Newton stark gemacht hatten). Selbst in der Antike sucht man unhinterfragte Paradigmata Kuhnscher Provenienz vergeblich. Der Begriff des Paradigmas präsentiert sich ambivalent: Man versteht darunter eine *Weltanschauung* oder aber eine *Lehrmeinung*. Das erste Auftauchen des Begriffs ist wohl bei Aristoteles zu finden: da bedeutet *paradeigma* einfach nur Beispiel – und wird als eine Form des induktiven Argumentierens aufgefasst. Man geht hier aber nicht vom Besonderen zu Allgemeinen über, sondern vergleicht einen besonderen Fall, den man eben für paradigmatisch (im Sinne von allgemein) hält, beispielhaft mit einem anderen (de facto geht man also eher *deduktiv* vor). Das sind zwar recht unterschiedliche Charakterisierungen, sie erinnern aber nicht einmal von Ferne an Kuhns hypnotistisch interpretiertes Paradigma. Der Begriff der Lehrmeinung scheint mir hier der adäquateste und auch der gebräuchlichste. Er ist logisch äquivalent mit dem Begriff der Theorie. Eine Theorie

---
[7] Watkins, „Gegen", S. 34.

wiederum, gleichgültig welche, hat immer Verteidiger *und* Gegner (das war auch bei Newton so, dessen bekanntester Gegner hinsichtlich des *Zeitbegriffs* eben Leibniz war). Das liegt ganz einfach daran, dass andere Theoretiker häufig schon jeweils eigene Theorien entwickelt haben, bevor sie die Theorien ihrer Zeitgenossen kennenlernen. Theorie ist im übrigen einfach nur ein Begriff mit bescheidenerer Konnotation. Wenn man sehr verliebt in die eigene Theorie ist und sie gar für irgendwie übergeordnet hält, könnte man sie vielleicht Paradigma nennen wollen. Wenn ein neues Paradigma der Theorie anderer Autoren widersprach, haben die natürlich ihre eigene Theorie zu verteidigen gesucht und umgekehrt – was wiederum logisch äquivalent mit einer Kritik an der konkurrierenden Theorie ist. Etwas, was laut Kuhn gar nicht vorkommen soll, weder im erkenntnistheoretischen noch im normativen Sinn.

Ich denke auch, dass weder bei Ptolemäus noch bei Kopernikus noch bei Kepler noch bei Galilei derart zwanghafte Paradigmata vorlagen wie sie von Kuhn geschildert und in die gesamte „normale" Wissenschaft hineininterpretiert werden. Bekanntlich hatte (lange vor Kopernikus) schon Aristarch von Samos eine *heliozentrische* Kosmologie parat. Der wusste offenbar nichts davon, dass man ein altes Paradigma nur „bekehrungstechnisch" hinter sich lassen kann. Das Paradigma seiner Kollegen (310–230 v. u. Z. – sie alle hatten eine *geozentrische* Vorstellung) hat ihn offenbar weder interessiert, noch hat ihn deren „Gestaltwahrnehmung" determiniert. Ganz abgesehen davon, dass es in diesem Zusammenhang eben gar keine Gestaltwahrnehmung geben konnte. Seine Kollegen haben aber nicht an ihrem Paradigma festgehalten, weil sie konservative Angst vor der Unruhe durch diese Neuheit hatten, wie es etwa bei Theologen üblich ist. Sie waren alle Mathematiker und Philosophen wie Aristarch selbst und haben seine Idee mehrheitlich schlicht für falsch gehalten (eine Ausnahme war wohl Hypatia[8]), nicht etwa für „inkommensurabel". Sie *haben* sie ja mit ihrer Idee *verglichen*. Sie fanden Aristarchs Idee antiintuitiv und so konnte sie seinerzeit sicher auch aufgefasst werden. Sie haben sich also erkenntnistheoretisch völlig korrekt verhalten – wer konnte damals ahnen, dass *sie* mit der *intuitiven* Variante falsch liegen sollten, offenbar nur Aristarchos mit seiner ungeheuer subtilen geometrischen Vorstellung von diesem gewissermaßen „inversen Spin" des Systems.

Auch in Bezug auf die so genannten *effektiven Theorien* der Gegenwart wird ja heiß diskutiert, ob überhaupt eine davon – und wenn, dann *welche* – fundamental sein könnte, oder ob man eine völlig neue, noch tiefer liegende Theorie braucht, die der Quantenmechanik, der Quantenfeldtheorie und der allgemeinen Relativitätstheorie als Metatheorie dienen könnte. Von diesen modernen Theorien kann man *überhaupt nicht* als von Paradigmen reden. Als effektive Theorien funktionieren sie in ihren Vorhersagen auf ihren jeweiligen Skalen wunderbar, von einer Vereinheitlichung (Quantengravitation) ist man allerdings wohl noch weit entfernt. In der Grundlagenforschung mit ihrem unlimitierten erkenntnistheoretischen Anspruch wurden sie aber ohnedies von Anfang an kontrovers diskutiert. Denn man kann – aufgrund einer prinzipiell fehlenden Definition von Wahrheitsgehalt – nicht einfach davon ausgehen, dass sie

---

[8] Hypatia: eine Mathematikerin und Philosophin aus Alexandria, die Aristarchs Lehrmeinung sogar unterrichtet hat. Es wird vermutlich auch noch andere, unbekanntere Zeitgenossen gegeben haben, die Aristarch überzeugend fanden.

approximativ sind. Sofern sie die Wirklichkeit ansprechen, können sie sich immer noch als falsch herausstellen. Sofern sie rein operationalistisch sind, bleiben sie uns sowieso als Open-End-Debatten der Interpretation erhalten. Die Kontroverse Einstein, Podolski, Rosen, Schrödinger, Bohm (und andere) gegen Bohr, Heisenberg, Dirac, Born, Pauli, von Neumann (und andere) stand dabei von Beginn an für die Kontroverse: Realismus gegen Antirealismus. In der *modernen* interpretativen Debatte der Physiker hinsichtlich der Quantenmechanik kann man eine ähnliche Diskussion zwischen Lee Smolin, Carlo Rovelli, Abhay Ashtekar und anderen (falsifikationistischer Realismus) versus Stephen Hawking, John Wheeler, Max Tegmark, Roger Penrose und anderen (mathematischer bzw. strukturaler Realismus) verfolgen. Wir sehen, das alles hat keinerlei Ähnlichkeit mit Kuhns quasi-theologischen Vorstellungen von Wissenschaft. Lee Smolin schien Kuhn trotzdem überzeugend zu finden, weil er als Student durch das ungeheuer „hip" scheinende mathematische ‚Paradigma' der Stringtheorie sozialisiert wurde. Aber ihm hätte ja spätestens im Laufe der Entwicklung seiner eigenen und auch anderer Alternativen auffallen müssen, dass die Stringtheorie zwar eine grassierende Mode war, dass sie aber ebenfalls von Anfang an auch Kritiker fand.

6

Im Universum von Kausalität und Zeit

6.1 Fluss der Zeit und emergenter Raum

Lee Smolin versucht in seinem neuen Buch[1] die Zeitpfeile als unverzichtbar bzw. den Fluss der Zeit als fundamental in die überwiegend zeitlose Physik seit Einstein zu re-importieren. Der Raum wird dagegen schon eher als emergent betrachtet. In dieser anspruchsvollen Thematik ist dann auch bei Smolin keine Rede mehr von Kuhn oder Feyerabend, sondern nur noch von der Wichtigkeit der Methodologie der Falsifikation, die Kuhn ja gerade bestritten hatte – letzterer hielt sie ja *nicht einmal für gültig*, weil er den konsequenten Fallibilismus nicht verstanden hatte.

Natürlich konnte Smolin – jedenfalls wohl vorübergehend – den Eindruck haben, dass es auch in der modernen Physik unhinterfragte Paradigmen gibt, weil er eben mit der *Stringtheorie* aufgewachsen war und sah, dass sie auch nach 30 Jahren noch nicht in eine falsifizierbare Form gebracht werden konnte (ganz einfach, weil sie bis heute fast

---

[1] Lee Smolin, *Im Universum der Zeit*, DVA, 2014.

rein mathematisch geblieben ist) und, dass sie in der Tat bisweilen wie ein paradigmatisches Dogma verteidigt wird. Aber auch das gilt nur für eine bestimmte Gruppe von Physikern. Und auch wenn letztere im Laufe der Zeit noch so zahlreich geworden sind, es gab und gibt immer ausreichend Kritiker. Smolin selbst hat ja die *Loop Quantum Gravity* mitbegründet. Diese Theorie ist der Hauptkonkurrent der String- bzw. M-Theorie, und vor allem ist sie eine *falsifizierbare Theorie*. Eine stark vereinfachte Form dieser Theorie (die Loop Quantum Cosmology) konnte sogar schon falsifiziert werden – ein klares Zeichen dafür, dass „genug Physik dran" ist. Aber, selbst wenn die Falsifikation auch für die gesamte Loop Quantum Gravity gelten sollte, es gibt alternative Theorien (aus demselben realistischen Umfeld) wie die schon erwähnte CDT und die CST. Und hier ist alles von ihren Erfindern selbst gemacht worden, nicht nur die Theorie, sondern auch die Idee für die Überprüfungen – und die falsifikativen Beobachtungen anscheinend ebenfalls. Derartig von Paradigmen unbeeindruckte Forscher kamen in Kuhns Vorstellung von Wissenschaft gar nicht vor.

In seinem neuen Buch kritisiert Smolin überdies in zentraler Weise den mathematischen Realismus und die damit häufig einhergehende Vorstellung, dass die relevanten Strukturen der Welt allesamt zeitlos seien, eben weil die Mathematik als zeitlos betrachtet wird. Und diese Kritik ist ein Glanzstück des *physikalischen* Realismus, wie wir weiter unten noch sehen werden.

Wie sehr der mathematische Realismus, und zwar weltweit, in der kosmologischen Diskussion steht, kann man an den Veröffentlichungen in *Nature*, in *Scientific American* und auch im deutschen *Spektrum der Wissenschaft* sehen. Man darf also wohl die „Gegendarstellung" der kritischen Realisten in Physik und Philosophie als wichtige und nötige Kritik an diesem sehr in Mode gekommenen Platonismus in der theoretischen Physik betrachten.

6.2 Kritischer Realismus versus Strukturenrealismus

Die Versuche, eine fundamentalere Metatheorie in Form der *Quantengravitation* (als Vereinigung von Quantenmechanik und allgemeiner Relativitätstheorie) zu schaffen, hat, aufgrund der jeweils sehr komplexen Mathematik der unterschiedlichen Ansätze, zu einem hohen Abstraktionsgrad und nicht selten zu inakzeptabler Realitätsferne geführt. Die Winzigkeit der jeweils fundamentalen Objekte (insbesondere in der Stringtheorie) hat überdies zu Überprüfbarkeitsproblemen ganz neuer Art geführt. Anders gesagt, es sind haufenweise bislang *nicht* falsifizierbare Theorien entstanden. Der Strukturalismus versucht traditionell aus derartigen Nöten eine Tugend zu machen. Allerdings tut er das auch notorisch mit Hilfe unkontrollierbarer antirealistischer Wendungen.

Kritisch realistisch formulierte Theorien sind allerdings möglich, wie einige Ausnahmen von dieser Nicht-Falsifizierbarkeit zeigen:

Es gab, wie schon erwähnt, Überprüfungsmöglichkeiten für eine stark vereinfachte *Loop Quantum Gravity*, nämlich für die so genannte *Loop Quantum Cosmology* (Lee Smolin und Kollegen). Sie führten zu einer Falsifikation letzterer. Die einschlägige deduzierte Prognose, dass die Lichtgeschwindigkeit aufgrund der angenommenen Quasi-Körnigkeit bzw. Nicht-Kontinuität der postulierten Raumzeitatome im Bereich der Plancklänge, um eine Winzigkeit geringer sein sollte als c, konnte nicht gestützt werden (David Tong wird sich bestätigt sehen). Diese Falsifikation wurde von Martin Bojowald in einem Video des PI (Perimeter Institut for Theoretical Physics, Ontario, Kanada) referiert.[2] Es gab ferner Überprüfungsmöglichkeiten für die *Causal Set Theory* (Luca Bombelli, Joohan Lee, David Meyer und Rafael Sorkin, 1987 – weiterentwickelt durch Fay Dowker und Kollegen in jüngster Zeit). Hier konnten Vorhersagen zu Fluktuationen des Werts der kosmologischen Konstanten abgeleitet werden, die dann offenbar auch durch Beobachtungen vorläufig gestützt wurden. Diese beiden noch längst nicht in vollem Umfang ausgearbeiteten Theorien scheinen die großen Ausnahmen hinsichtlich der Überprüfbarkeit zu sein. Aber sie sind keine wirklichen Vereinigungstheorien. Die Regel sind gegenwärtig Theorien, die überhaupt nicht überprüft werden können. Keine Version der Stringtheorie scheint bisher überprüfbar, so dass man hier auf rein mathematische Strukturierungen ohne Kontakt zur Wirklichkeit beschränkt ist. Es wird also lediglich die interne Widerspruchsfreiheit untersucht. Auch das ist bei derartig komplexen Theorien allerdings nicht immer ganz einfach. Aber selbst wo das gelänge, schützen sie *ohne Kontakt zur Wirklichkeit* nicht vor den berühmten „logisch konsistenten Märchen". Denken wir an Einstein, der bekanntlich sagte: „Insofern sich die Mathematik auf

---

[2] http://www.perimeterinstitute.ca/videos/quantum-cosmology-1.

die Wirklichkeit bezieht, ist sie nicht sicher; und insofern sie sicher ist, bezieht sie sich nicht auf die Wirklichkeit." Mit letzterem meinte er natürlich die rein *logischen* Anteile der Mathematik. Denn Beweise und insbesondere unbewiesene Behauptungen in der Mathematik sind natürlich ebenfalls fallibel.[3] Bleiben häufig nur Untersuchungen zur Schönheit oder Ökonomie des jeweiligen Formalismus. Aber „auch über mathematische Schönheit kann man sehr verschiedener Meinung sein" wie Martin Bojowald wohl einmal zu Recht bemerkte. Und Untersuchungen zur Informations-Ökomomie der Axiome bzw. zu vermeidbaren Redundanzen einer Theorie ergeben ebenfalls erst nach einem Mindestkontakt mit der Wirklichkeit einen Sinn, sonst ernten wir auch hier „ökonomische Märchen" – wir rechnen uns bezüglich der erwünschten eleganten Knappheit der Theorie sozusagen reich.

Meinard Kuhlmann vertritt einen so genannten Strukturenrealismus, der es wie auch alle ähnlichen instrumentalistischen bzw. pragmatistisch-deskriptiven Ansätze schwer hat zu zeigen, wie man über rein mathematische Strukturkonstruktionen (bzw. in deren logischen Anteilen analytische Aussageformen) zu falsifizierbaren Wirklichkeitsaussagen gelangen soll.

Kuhlmanns Kritik an dem immer schemenhafter werdenden Teilchenbegriff kann man wohl folgen, aber mit den Teilchen nun auch gleich die Wellenvorstellung als

---

[3] Siehe: Imre Lakatos, *Proofs and Refutations*. Cambridge University Press, Cambridge 1976; sowie: *Mathematics, Science and Epistemology: Philosophical Papers Volume 2*. Cambridge University Press, Cambridge 1978. Eine neuere Veröffentlichung zum Thema: Thomas Rießinger, *Wahrheit oder Spiel* [Kindle Edition] bei Amazon, 2014.

obsolet abzutun (und damit genau genommen die ganze Materie/Energie abzuschaffen) könnte man durchaus für übereilt halten. Er begründet diese Vorschläge mit der Abstraktheit der Quantenfeldtheorie und ist der Meinung, dass beim Quantisieren der klassischen Feldtheorie physikalische Größen durch Operatoren (also durch mathematische Ausdrücke) „ersetzt" werden, so als würden die durch die mathematische Beschreibung *verschwinden*. Er räumt zwar ein, dass „bestimmte physikalische Prozesse wie das Aussenden oder Absorbieren von Licht" wohl durchaus existieren (sonst hätte wohl auch niemand Interesse daran, sie mit Operatoren zu beschreiben), aber „Operatoren sind abstrakte Gebilde und erhöhen gewissermaßen den Abstand zwischen Theorie und Realität." Insbesondere in der bisherigen Form der Quantenfeldtheorie, da muss man ihm natürlich Recht geben. Aber uns hindert auch nichts, zu dieser schon immer gewagten Kombination aus klassischer Feldtheorie und spezieller Relativitätstheorie Alternativen zu suchen (auch sie ist letzten Endes nur eine effektive Theorie) und etwa den Raum für emergent zu halten und stattdessen die Zeit wieder ernster bzw. fundamentaler zu nehmen (als das im zeitlosen Blockuniversum Einsteins der Fall ist) – wie Lee Smolin das jüngst vorgeschlagen hat. Wir haben es ja bei all diesen Theorien, mit so genannten effektiven Theorien zu tun, die sehr brauchbare Vorhersagen liefern, aber eben keine fundamentalen Erklärungen, wie man das von einer realistischen Theorie der Materie erwarten würde.

Kuhlmann findet aber gerade, dass es nicht auf Dinge, sondern auf die Beziehungen zwischen ihnen ankommt.[4]

---

[4] Meinard Kuhlmann, „Was ist Realität?" in *Spektrum der Wissenschaft*, 7/14, S. 50.

Das ist, als wollte man die materiellen Dinge (wie auch immer die am Ende des Tages beschrieben werden müssen) durch die *Wechselwirkungen* zwischen Ihnen „ersetzen". Aber es kommt eigentlich noch schlimmer, denn mit Beziehungen meint er hier gar keine physikalischen Wechselwirkungen, sondern so etwas wie *sekundäre* Eigenschaften. Er stellt uns zwei Versionen des Strukturalismus vor:

In der gemäßigten Version, dem so genannten epistemischen Strukturenrealismus könnten wir die Dinge nicht in ihrem Wesen erkennen, aber wir kennten ihre Beziehungen. Die Existenz von Dingen wird hier noch eingeräumt. Der ontische Strukturenrealismus behauptet dagegen, es gebe nur Relationen (S. 51). Letzterer hebt auf die Symmetrie-Transformationen ab. Hier könne man ja auch schon Dinge vertauschen, ohne deren Beziehungen zu ändern. Da kann man die Dinge offenbar auch gleich weglassen. Er sagt das ungeachtet der Forschungssituation, die immer mehr Hinweise auf Asymmetrien bzw. Symmetrie-Verletzungen hervorbringt, wenn man zeitliche Entwicklungen Ernst nimmt (die temperaturabhängigen Symmetrie-Brüche unserer vier Kräfte sind dabei wohl nur die bekanntesten).[5] Das ergibt sich jedenfalls mehr und mehr aus einer Physik, in der Kausalität und die Zeitpfeile ernst genommen werden und damit sogar die (allerdings sehr langfristig veranschlagten) Veränderungen der Naturkonstanten. Das ist im Übrigen eine evolutionäre Sichtweise, für die wir ja auf allen Gebieten reiche Stützung finden. Wie will man das

---

[5] Siehe auch den Artikel „Supersymmetrie in der Krise" im Spektrum der Wissenschaft 9/14, S. 38: „Tatsächlich haben die bisher mit dem LHC gesammelten Daten gerade die favorisierten Versionen der Supersymmetrie ausgeschlossen." Joseph Lykken/ Maria Spiroulu.

aber in einer gewissermaßen zeitlosen Relationen-Gesetzmäßigkeit darstellen.

Diese Fragen stellt sich Kuhlmann offenbar nicht, denn er findet es – in Ockhams Sinn – vorbildlich:

> wenn man die Existenz bestimmter Relationen postuliert, ohne zusätzlich einzelne Dinge anzunehmen. Darum sagen die Anhänger des ontischen Strukturenrealismus: Verzichten wir auf Dinge als etwas Fundamentales; betrachten wir die Welt als Gesamtheit von Strukturen oder Netzwerken von Beziehungen. Im Alltag erleben wir viele Situationen, in denen nur Relationen zählen und die Beschreibung der vernetzten Dinge bloß Verwirrung stiftet.[6]

Irgendwie scheint er zu glauben, dass man in der Physik genauso mit Unbekannten (also mit x und y) arbeiten kann wie in der Mathematik. Aber in der Physik hätten all diese Unbekannten Wirkungen aufeinander – die berühmten Wechselwirkungen, die dann in den Lösungen der Gleichungen nicht erscheinen können, wenn wir sie physikalisch gar nicht kennen. Das ist einer der Gründe dafür, warum man Dinge nicht einfach aus der Beschreibung entfernen kann, denn sie würden ja (sogar *hoch-spezifisch*) für die Wechselwirkungen verantwortlich sein, an denen die Physiker interessiert sind. An seinem letzten Satz sieht man, dass er – in gewohnter antirealistischer Tradition – eine rein deskriptive bzw. pragmatistische Position vertritt. Was im „Alltag zählen" mag, nämlich schnelle pragmatische Entscheidungen oder Beschreibungen, ist in der erkenntnis-

---

[6] Kuhlmann, *Spektrum*, S. 52.

theoretisch relevanten Grundlagenforschung uninteressant, denn hier geht es um *Erklärungen*.

Umsonst wünscht man sich ja nicht eine fundamentale Theorie, aus der die Naturkonstanten *folgen*, anstatt dass die Messungen ad hoc addiert werden. Dann sagt er:

> Viele Philosophen denken wie ich, dass die Aufteilung in Objekte und Eigenschaften der tiefere Grund ist, warum sowohl Teilchen- wie Feldansätze letztlich scheitern. Stattdessen sollte man Eigenschaften als einzige Grundkategorie ansehen.[7]

Das hat jetzt aber gar nichts mehr mit seiner pragmatistischen Relationen-Beschreibung zu tun, denkt man, denn hier äußert er sich zur Theorie der Materie. Er stellt sich ihre primären Eigenschaften auch nicht etwa als abstrakte Universalien vor, denkt man, sondern durchaus so, dass man den leeren Ding-Begriff dadurch überflüssig macht, dass man die primären Eigenschaften als existent betrachtet – ganz wie ein kritischer Realist ebenfalls argumentieren könnte. Welle oder Teilchen könnten etwa als emergente Erscheinungsformen einer jeweiligen fundamentalen Energie-Entität gelten. Und die wäre insofern keine Unbekannte, als man sie messen kann. Wir könnten dem, was wir gewöhnlich Ding nennen, ein *physikalisches* Eigenschaftsbündel zusprechen. Aber weit gefehlt, Kuhlmanns gewissermaßen „optisch" realistisch aufgezäumte Ausdrucksweisen laufen realiter auf die Behauptung hinaus, dass die mathematischen Strukturen eigentlich realer sein sollen als die Materie. An seiner Bemerkung weiter unten

---
[7] Kuhlmann, *Spektrum*, S. 52.

sehen wir dann auch, dass er von sehr merkwürdigen und gar nicht fundamental wirkenden Eigenschaften ausgehen möchte:

> Nun ließe sich diese Denkweise auch umkehren und den jeweiligen Eigenschaften eine von Objekten unabhängige Existenz zubilligen. Eigenschaften sind demnach konkrete Einzelheiten oder ‚Partikularien', und was wir gewöhnlich ein Ding nennen, ist ein Bündel von Eigenschaften, wie Farbe, Form, Festigkeit und so weiter.[8]

Das hört sich nun natürlich nicht nach besonders primären Qualitäten an. Farbe ist eine sekundäre, weil vom Gehirn als Empfindung einer bestimmten Lichtfrequenz konstruierte Qualität. Die Lichtfrequenz bzw. Wellenfrequenz ist entsprechend die primäre Qualität. Form und Festigkeit scheinen ebenfalls hinreichend sekundär bzw. subjektiv.

Dann macht er Bemerkungen, die zeigen, woher dieser Subjektivismus eigentlich stammt:

> Wenn wir zum ersten Mal einen Ball sehen und erleben, nehmen wir streng genommen keinen Ball wahr, sondern eine runde Form, eine Farbe, ein elastisches Tastgefühl. Erst später assoziieren wir dieses Bündel von Wahrnehmungen mit einem bestimmten Objekt namens Ball.[9]

Das ist der Assoziationismus bzw. Impressionismus von Carnap, Schlick, Quine, Neurath mit ihrem „Hier, jetzt, rot!", die totale Reduktion auf Wahrnehmungserlebnisse,

---
[8] Kuhlmann, *Spektrum*, S. 52.
[9] Kuhlmann, *Spektrum*, S. 52.

die nichts über die Beschaffenheit der jeweiligen Realität aussagen, sondern lediglich Zeugnis von einer subjektiven oder meinethalben auch intersubjektiven Erlebnissituation ablegen – von einer „Netzhaut-Erfahrung" sozusagen. Deshalb hieß das ganze ja Empirismus. Und deshalb *war* es auch Antirealismus. So kehren wir also auch nach Kuhlmann „zu den direkten Wahrnehmungen der frühen Kindheit zurück."

Nach diesem Rückzug in die reine Wahrnehmungswelt, nützt es auch nichts mehr von „drei feste(n) Wesenseigenschaften (Masse, Ladung und Spin)" zu reden, denn die können von einem strukturalistischen „Wahrnehmungstheoretiker" nur rein mathematisch (nicht mehr physikalisch) behandelt werden (und das ist auch die ganze Pointe des Strukturalismus, um seine „empirische Unterbestimmtheit" zu vermeiden). Von da aus hätte er allerdings auch keinen Grund mehr anzunehmen, dass es Masse, Ladung, und Spin (oder diskreter noch: ihr Energieäquivalent) in der Realität gibt, denn die *Wahrnehmung* von Gravitation oder Elektrizität findet zwar durchaus real statt (den Spin müssen wir da sowieso mal außen vor lassen bzw. anders untersuchen), aber es hat bekanntlich eine Weile gedauert, bis wir die richtigen Erklärungen dafür hatten, was wir da überhaupt wahrgenommen haben bzw. dass wir *aufgrund von Gravitation* am Boden kleben (und dass wir dabei schon beschleunigt sind) – und das ist dann ganz bestimmt nicht durch „verstärkte" Wahrnehmung bzw. durch logisch unschlüssige empiristische Induktionen von so genannten „un*mittel*baren" Wahrnehmungen aus geglückt, denn wir verwenden immer schon das Mittel Hintergrundwissen, sei das nun genetisch, epigenetisch oder kulturell. Fallibel sind übrigens all diese Hintergründe. Wir gewinnen also unsichere Erkenntnis durch hypothetische Klassifikationen (Theorien) und Prognose-Deduktionen aus denselben. Also müssen wir damit rechnen, dass auch unsere schönsten Theorien sich als falsch erweisen bzw. falsifiziert werden können, falls sie überhaupt über die Qualität falsifizierbar zu sein verfügen. Die Unwiderlegbarkeit der Strukturalisten und anderer Antirealisten ist jedenfalls unbillig erkauft durch den kompletten Verzicht auf Wirklichkeits-Aussagen. Sie ist keine Auszeichnung, sondern ein Mangel – wie wir hier schon mehrfach feststellen konnten.

Zu diesem Kuhlmann-Artikel gibt es auch einen sehr schönen Online-Leserbrief (im *Spektrum*) von Peter Schmid, der zeigt, wie man die Quantenfeldtheorie in einer schlüssigeren Weise kritisch realistisch interpretieren kann:

> Seit Jahrzehnten ist bekannt, dass – wie der Autor betont – klassische Teilchen- und Feldkonzepte die physikalische Erfahrung auf der Ebene der Elementarteilchen nicht beschreiben können. Die Behauptung, dass sich die Quantenfeldtheorie auf keine Ontologie stützen könne, ist allerdings irreführend.
>
> Es ist erstaunlich, dass im vorliegenden Artikel der in der Physik fundamentale Begriff der Energie nicht vorkommt. Energie gilt heute wohl als die fundamentale Größe, die sich nach der Urknalltheorie bei abnehmender Energiedichte prozesshaft ausdifferenziert in einer Weise, wie sie durch das Wechselspiel von Feldern beschrieben werden kann (siehe Auyang: „The final ontology of the world is a set of interacting fields.") Natürlich sind diese Felder nicht klassisch. Und der weiterhin verwendete Begriff „Teilchen" hat kaum noch etwas mit dem klassischen

Begriff zu tun, sondern steht für die Quantenanregungen der verschiedenen Felder. Die Charakterisierung der für die Beschreibung verwendeten Felder (ihre „Eigenschaften") erfolgt einerseits im Rahmen der relativistischen Raumzeit-Invarianz (Poincaré-Invarianz) und einem Konzept innerer Symmetrien (Eichinvarianz) und deren Brechung. Diese Strukturen beschreiben die beobachtete Prozessdynamik. Das Forschungsprogramm der „Vereinheitlichung der Kräfte" ist mit dieser konzeptuell einfachen Ontologie kompatibel. Die im Artikel angesprochene Spannung zwischen den klassischen Begriffen „Objekt" und „Eigenschaften" erinnert an die Konfrontation der Konzepte „Teilchen" und „Welle" bei der Einführung der Quantentheorie. Wenn ein „ontischer Strukturrealismus" einem „Objektrealismus" entgegengesetzt wird, so verharrt die Diskussion in diesem Gegensatz. Vielleicht braucht es neue philosophische Konzepte (Prozessphilosophie?) um ihn aufzuheben, so wie in der Physik jener zwischen Teilchen und Welle aufgehoben wurde.[10]

Ich habe zum Energiebegriff und zur Prozess-Sichtweise in der Physik ganz ähnlich in meiner Kritik an Bunge und Mahner argumentiert.[11]

---

[10] Peter Schmid, Salzburg, online zu „Quantenfeldontologie", 30. 06. 2014.
[11] Norbert Hinterberger, in *Aufklärung und Kritik* (3/2011, S. 169 ff.) „Die Substanzmetaphysik von Mario Bunge und Manfred Mahner".

7
Kosmologie der Zeit

7.1 Zyklische Modelle versus Inflationsmodelle

Lee Smolin ist jüngst davon ausgegangen, dass sich zyklische Modelle des Universums gegen die Inflationsmodelle durchsetzen.[1] Zwischenzeitlich schien es zwar, dass die Inflationsmodelle Stützung erfahren haben, allerdings wurde auch hier teilweise schon wieder gewarnt, sich zu früh zu freuen. Es sind vermutlich sehr viel mehr Messungen nötig, um von einer wirklich stabilen Stützung durch die Beobachtungen sprechen zu können. Die einschlägigen Meldungen:

> Erstmals registrieren Astronomen Signale aus der Zeit unmittelbar nach dem Urknall: Das Experiment BICEP2 am Südpol hat in der kosmischen Hintergrundstrahlung die Strukturen von Gravitationswellen beobachtet, die aus der Frühphase des Universums stammen. Dies ist eine direkte Bestätigung für das kosmologische Modell der Inflation.[2]

---

[1] Lee Smolin, *Im Universum der Zeit*, DVA, 2014, S. 318.
[2] http://www.sterne-und-weltraum.de/news/urknall-erste-direkte-belege-fuer-kosmische-inflation/1257047.

BICEP

steht für *Background Imaging of Cosmic Extragalactic Polarization* und ist eine Beobachtungskampagne die am Südpolteleskop in der Antarktis durchgeführt wird. In der trockenen Luft und auf 2800 Meter Höhe hat man vom Südpol aus gute Bedingungen, um die Mikrowellenstrahlung aus dem All zu beobachten. So gute Bedingungen, dass es dort mit BICEP erstmals gelang, die primordialen B-Moden tatsächlich zu messen.[3]

Die B-Moden bezeichnen die Polarisationen von frühen Gravitationswellen, die als Stützung der Inflationstheorie interpretiert werden könnten:

> Im Vorfeld der Bekanntgabe der Entdeckung spekulierten viele, das BICEP genau die angesprochene Detektion von B-Moden gelungen sein könnte, die auf ein Skalar/Tensor-Verhältnis von 0,06 hinweist. Andere vermuten, dass man einen ganz anderen Wert gemessen hat.

Die Theorie der „ewigen Inflation" (Alexander Vilenkin und André Linde) schien außerdem eine weitere prüfbare Aussage anbieten zu können:

> Die Theorie der ewigen Inflation macht eine potentiell prüfbare Vorhersage, nämlich, dass die Krümmung des Raums in jedem Universum, das als Blase erzeugt wird, leicht negativ ist.

---

[3] Florian Freistetter, 17. März 2014: http://scienceblogs.de/astrodicticum-simplex/2014/03/17/.

> (Ein negativ gekrümmter Raum ist verzerrt wie ein Sattel – im Gegensatz zu einem positiv gekrümmten Raum wie eine Kugel.) Wenn unser Universum in einem sich aufblähenden Multiversum in einer Blase erzeugt wurde, muss dies auch für unser Universum gelten.[4]

Das ist nun zwar eine echte Prognose, es gibt allerdings mehrere Probleme damit:

> Erstens liegt die negative Krümmung sehr nahe bei null, und die Null ist schwer von einer sehr kleinen positiven oder negativen Zahl zu unterscheiden. Tatsächlich verschwindet die Krümmung innerhalb des Bereichs von Messfehlern.

Smolin war und ist wohl ganz allgemein der Meinung, dass es nahezu unmöglich sein wird, die Theorie der ewigen Inflation ein-eindeutig zu prüfen:

> Selbst wenn uns der Nachweis gelänge, dass die räumliche Krümmung unseres Universums leicht negativ ist, liefert das keinerlei Belege dafür, dass unser Universum Teil eines riesigen Multiversums ist.[5]

Denn es kann ja ganz verschiedene mögliche Ursachen dafür geben, könnte man hinzufügen. Inzwischen mehren sich die mahnenden Stimmen. Genau genommen gab es schon Tage nach der Entdeckung Zweifel:

---

[4] Smolin, *Im Universum*, S. 192.
[5] Smolin, *Im Universum*, S. 193.

Diesen zufolge könnten die Polarisationsmuster im Mikrowellenhintergrund auch von Staub in der Milchstraße oder von Synchrotronstrahlung stammen. Letztere entsteht, wenn schnelle geladene Teilchen aus ihrer geraden Bahn abgelenkt werden (…) Am 5. Mai haben neue Daten die Diskussion weiter befeuert (arXiv:1405. 0871). Auf Basis der Messungen des Satelliten Planck konnten Forscher eine Karte erstellen, welche die durch Streuung an Staub in der Milchstraße hervorgerufene Polarisation der Strahlung zeigt. Diese Vordergrundstrahlung überlagert die von außerhalb der Milchstraße stammenden Signale, für die sich das BICEP-Team interessiert, und muss daher aus den Messdaten herausgelesen werden. Zum Pech der BICEP-Forscher erwies sich der Anteil polarisierter Strahlung in den Planck-Daten als unerwartet groß.[6]

Einige Forscher (Michael J. Mortenson und Uros Seljak) kommen (inspiriert durch die neuen Planckmessungen) anscheinend sogar zu dem Schluss, dass sich die Ergebnisse des BICEP-Teams ganz ohne Referenz auf Gravitationswellen erklären lassen.

7.2 Julian Barbours Ende der Zeit

Julian Barbour findet zwar die Vorhersage von Stephen Hawking bezüglich des Endes der Physik wenig tragfähig – der hatte schon 1979 bei seiner Inauguration verkündet, dass es „within twenty years" eine „theory of everything" geben würde, und zwar durch zwei Vereinigungen, ein-

---

[6] Georg Wolschin, *Spektrum*, 7/14, S. 16.

mal die von Quanten- und Relativitätstheorie und dann noch die der vier Kräfte. Man weiß gar nicht wo da der Unterschied liegen soll. Die Addition der Gravitation zu starker und schwacher Wechselwirkung und zur elektromagnetischen Kraft würde doch genau diese Vereinigung von Quanten- und Relativitätstheorie ergeben. Vielleicht hat er Hawkings Bemerkung auch falsch zitiert, er gibt hier jedenfalls kein Originalzitat von ihm an. Man fühlt sich im übrigen natürlich sofort an Planck erinnert, dem schon um 1900 von einem Studium der Physik abgeraten wurde, weil in diesem Fach im Wesentlichen „alles geklärt" sei. Barbour hält das alles allerdings nicht davon ab, jetzt zwar nicht das Ende der Physik, aber wenigstens das Ende der Zeit auszurufen. Zu Hawkings Voraussage (die ihr Verfallsdatum ja schon 1999 hatte) bemerkt er:

> For myself, I doubt that would spell the end of physics. But unification of general relativity and quantum mechanics may well spell the end of time. By this, I mean that it will cease to have a roll in the foundations of physics. We shall come to see that time does not exist.[7]

Aber nicht nur die Zeit soll nicht existieren, auch die Bewegung soll es nicht geben – ganz wie schon bei Parmenides:

> Now I think we must, in an ironic twist to the Copernican revolution, go further, to a deeper reality in which nothing at all, neither heavens nor Earth, moves. Stillness reigns.

---

[7] Julian Barbour, *The End of Time*, Oxford University Press, 1999, S. 14.

An anderer Stelle schafft er auch jegliche Veränderung ab – klar, wenn sich nichts bewegen soll. Er behauptet allen Ernstes dasselbe wie Parmenides, aber eben im Jahre 1999:

> (…) that time truly does not exist. This applies to motion: the suggestion is that it too is pure illusion. If we could see the universe at it is, we should see that it is static. Nothing moves, nothing changes.[8]

Damit hätten wir ein Parmenidisch-Einsteinsches Blockuniversum, in dem alles (also Vergangenheit, Gegenwart, Zukunft) einfach gemeinsam – um nicht zu sagen „gleichzeitig" – existiert. Zeitspezifisch gibt es bei Barbour nur noch sogenannte „Nows". Schwer ins Deutsche zu übersetzen. Es müsste mit „Jetzte" oder ähnlich übersetzt werden. Um dieses Konzept zu verstehen, müssen wir noch einmal zu seinen „time capsules" = Zeitkapseln zurückgehen, die er weiter vorn in seinem Buch beschreibt:

> By a time capsule, I mean any fixed pattern that creates or encodes the appearance of motion, change or history.[9]

Ich übersetze das mal so: Mit einer Zeitkapsel meine ich jedes feste Muster, welches das Erscheinen (oder die Erscheinung) von Bewegung, Veränderung oder Geschichte kreiert oder kodiert. Hier könnte man fragen, was denn?, *kreiert* oder *kodiert*? Nimmt man die Lesart des *Kodierens* von Mustern oder Strukturen, dann handelt es sich bei seinen *Zeitkapseln* um mathematische Beschreibungen. Nimmt

---
[8] Barbour, *The End*, S. 39.
[9] Barbour, *The End*, S. 30.

man das *Kreieren*, dann erzeugt eine Struktur (der Natur), meinethalben eine chemische, Kausalität bzw. befindet sich selbst in einer materiellen Kausalität – dabei gibt es aber bekanntlich Bewegung bzw. Veränderung. *Psychologisch* entsteht dadurch ein bestimmtes, in der Regel intersubjektiv nicht ambivalentes Erscheinungsbild von Bewegung, Veränderung oder Geschichte. Diese physikalische Vorstellung von Kausalität möchte Barbour aber gerade vermeiden. Er schreibt hier, ganz in empiristisch-induktivistischer und im übrigen auch in antirealistisch-deduktivistischer Tradition, also wie nach Hume auch noch Kant, Kausalität nur unserer Vorstellung zu. Das haben alle Antirealisten so gehalten: Kausale Erklärungen (also propter hoc) wurden nirgends akzeptiert (nur Post-hoc-Beschreibungen). Zusammen ergeben Barbours Charakterisierungen ohnedies keinen Sinn. Einzeln genommen ergibt aber auch nur die mathematische Lesart einen konsistenten Sinn. Denn ein Muster oder eine Struktur, nur auf die Natur *projiziert* (von einem Mathematiker eben), ist ebenfalls mathematisch und kann keine Erscheinungsbilder der Natur „erzeugen". Aber selbst wenn wir hier von *materiell vorhandenen* Mustern oder Strukturen ausgehen, ohne Bewegung und Veränderung (in ihren „Zeitkapseln" gefangen) könnten sie keine Erscheinungsbilder erzeugen, denn die werden nur von Gehirnen in der falliblen Rezeption echter Kausalprozesse erzeugt. Vor dem Hintergrund unserer gesamten schlüssigen Prozess-Sichtweise (Quantenphysik und Chemie) sind solche eingefrorenen Materie-Momente schlicht absurd. Jede Materie erzeugt aufgrund ihrer dynamischen Prozess-Gebundenheit zwangsläufig Bewegung bzw. Veränderung und damit Geschichte. Den Zeitpfeilen (mal abgesehen vom psychologischen, der naturgemäß subjektiv ist) können wir gar nicht entgehen. Gemeint ist von Barbour wahrscheinlich, ähnlich wie bei den Strukturalisten, die wir bisher schon kennengelernt haben, eine mathematische Struktur, einigermaßen anspruchsvoll und unklar Zeitkapsel genannt (damit man sich eine entsprechende Physik vorstellen kann), die auf mysteriöse Weise die „Illusion" von Bewegung, Veränderung und eben nicht zuletzt auch die „Illusion" von Zeit bei den Menschen erzeugen soll. Wir sehen nebenher, Barbour hebt ausgerechnet auf den subjektiven Zeitpfeil ab, nämlich auf den psychologischen. Kein Naturwissenschaftler braucht den für sein Weltbild – aber alle anderen von Barbour in die bloße Emergenz entlassenen Zeitpfeile braucht die Naturwissenschaft.

Systematisch kann er nicht erklären, wie wir uns seine Zeitkapseln vorzustellen haben, deshalb bietet er (anekdotisch) ein Beispiel aus der Malerei an: Turners *Ariel* im Sturm evoziert psychologisch sicherlich eine Menge Bewegung, ohne dass sich indessen irgendetwas an der Leinwand bewegt. So wie das Bild soll es nun auch die Natur mit uns machen. Aber dieses Gleichnis ist wenig überzeugend. Wir wissen, dass die Maler es ja gerade umgekehrt damit zu tun haben, die tatsächliche Bewegung der Natur in einem Stillstand einzufangen, der dann psychologisch animiert aber wieder bewegt *wirken* soll. Die Schwierigkeit ist also, dass sie die reale dreidimensionale Bewegung auf zwei Dimensionen im Stillstand reduzieren müssen. Sie arbeiten also ähnlich wie Mathematiker daran, in der Darstellung/Beschreibung eine Vereinfachung der tatsächlichen Bewegung und der drei Dimensionen auf zwei zu erreichen. Wir wissen, dass Mathematiker ganz ähnlich vorgehen, indem sie eine graphisch nicht darstellbare dreidimensionale Bewegung der Raumzeit etwa auf zwei Dimensionen herunterfahren. Nun will uns Barbour weismachen, dass die Natur es genau umgekehrt macht. Aber wenn sie das tut, müsste sie doch von einer mathematischen oder quasi-mathematischen Abstraktion aus die Fülle des ganzen Lebens produzieren. Man erkennt hier wieder das Denken des mathematischen Realisten, dem so eine Intrinsik der Mathematik in der Natur ganz plausibel scheint. Wir werden sehen, dass er passend dazu auch eine Art platonischer Dreiecke für den Bau der Welt investieren möchte. Er findet, dass die fundamentale Physik der Versuch sei, ein Bild der Realität zu kreieren, das wir hätten, wenn wir aus uns heraustreten könnten. Aber es ist viel mehr als ein psychologisches Problem oder das Vermeiden der evolutionär bedingten Grenzen unserer Wahrnehmungsorgane, wir müssten genaugenommen *aus dem Universum heraustreten*, um es beschreiben zu können wie wir unsere anderen Objekte (innerhalb desselben) beschreiben. Er schreibt dann weiter:

> For this reason it is rather abstract. In addition, it often deals with conditions far removed from everyday human experience – deep inside the atom, where quantum theory holds sway, and in the far flung reaches of space, where Einstein's general relativity reigns.[10]

Die Vereinigung dieser beiden Reiche haben nun seiner Meinung nach eine Verständnis-Krise der Zeit (the crisis of time) verursacht:

---
[10] Barbour, *The End*, S. 38.

> The very working of the universe is at stake: it does not seem to be possible, in any natural and convincing way, to give a common description of them in which anything like time occurs.

Also etwa: Der ganze „Betrieb" des Universums stehe auf dem Spiel: es scheine nicht möglich, in einer natürlichen und überzeugenden Art, eine gemeinsame Beschreibung davon zu geben, in welcher so etwas wie Zeit auftritt. Barbour findet, dass bei den bisherigen Vereinigungs-Versuchen (Wheeler-DeWitt equation) frustrierend wenig erreicht wurde. Die Gleichung von Bryce DeWitt schien zunächst in der Lage, sowohl Teilchen als auch Galaxien zu beschreiben. Aber dann wurde sie sehr bald kontrovers diskutiert: Die ganze Ableitung sollte mangelhaft sein – durch eine ungültige Prozedur. Die Gleichung sollte nicht einmal korrekt definiert sein. Ganz zu schweigen von der Diskussion um die physikalische Bedeutung. Auch DeWitt selbst soll sie schon „that damned equation" genannt haben. Ganz und gar unklar ist in diesem Zusammenhang allerdings, wie eine solche Mangelware dann die Krise der Zeit „ans Licht gebracht" haben soll („(…) the „crisis of time" brought to light by the Wheeler-DeWitt equation"). Es bestehe auch kein Zweifel daran:

> that the equation reflects and unifies deep properties of both quantum theory and general relativity. Quite a sizeable minority of experts take the equation seriously.[11]

---

[11] Barbour, *The End*, S. 39.

Für mich hat sich das aber jetzt angehört, als ob er auf dieser Seite das ganze Gegenteil von dem behauptet, was er auf der vorhergehenden Seite gesagt hatte. Der einzige Grund für diese neue Wertschätzung scheint zu sein, dass „many of the best physicists have concentrated on superstring theory." Das *dabei* die Zeit verschwindet, ist klar. Die taucht in den hintergrund-abhängigen Gleichungen der Stringtheorie ohnedies nur als zusätzlicher Raumparameter auf, ganz wie bei Einstein (bei den String-Leuten haben wir dann 10 Raum- und 1 Zeit-Dimension, aber das Prinzip ist dasselbe – die Zeit wird nicht Ernst genommen). An dieser Stelle bringt er wieder seine „time capsules" ins Spiel. Unter dem Titel „The ultimate Arena" werden die „Nows" jetzt als *Dreiecke* vorgestellt:

> I illustrated the Newtonian scheme by a model universe of just three particles. Its arena is absolute space and time. The Newtonian way of thinking concentrates on the individual particles: what counts are their positions in space and time. However, Newton's space and time are invisible. Could we do without them? If so, what can we put in their place? An obvious possibility is just to consider the triangles formed by the three particles, each triangle representing one possible relative arrangement of the particles. These are the models of Nows for this universe by the totality of triangles. It will be very helpful to start thinking about this totality of triangles, which is actually an infinite collection, as if it were a country, or a landscape.[12]

---

[12] Barbour, *The End*, S, 40.

Wenn man nun zu irgendeinem Punkt in einer realen Landschaft ginge, hätte man eine Sicht („a view"). Abgesehen von artifiziellen Landschaften ist die Sicht von jedem Punkt aus anders bzw. individuell. Wenn man nun jemanden treffen wolle, könnte man ihm einen Schnappschuss vom bevorzugten Treffpunkt geben. Der Freund könne diesen Punkt dann identifizieren. Folglich können Punkte in einem realen Land durch Bilder identifiziert werden. Auf ähnliche Weise könne man sich nun „Triangle Land" imaginieren. Jeder Punkt in diesem Land steht für ein Dreieck – es ist ein reales Ding, das man sehen oder sich vorstellen kann:

> However, whereas you view a landscape by standing at a point and looking around you, Triangle Land is more like a surface that seems featureless until you touch a point on it. When you do this, a picture lights up on a screen in front of you. Each point you touch gives a different picture. In Triangle Land, which is actually three-dimensional, the pictures you see are triangles.

Also man muss im von Merkmalen frei scheinenden Dreiecks-Land, das wohl mehr wie eine Oberfläche existiert, den Finger auf einen Punkt legen, dann leuchtet ein Bild auf einem Bildschirm auf. Das sei an jedem Punkt ein anderes. Das Dreiecks-Land ist dreidimensional, und die Bilder, die man sieht, sind Dreiecke. Man hofft, das Barbour hier im wesentlichen metaphorisch spricht, allerdings weiß man dann nicht, *was* hier übertragend angesprochen werden soll. Besteht die Welt aus platonischen Dreiecken? Nicht direkt ... aber:

A three-particle model universe is, of course, unrealistic, but it conveys the idea. In a universe of four particles, the Nows are tetrahedrons. Whatever the number of particles, they form some structure, a configuration[13]

Wir sehen hier wieder das Verschwinden der Materie in einer mathematischen Existenz. Er zieht dann zwar Betrachtungen über sehr lebendig wirkende Makromoleküle („such as DNA") heran. Aber das geschieht auch nur als Verbindung zu älterer Modell-Bildung:

Plastic balls joined by struts to form a rigid structure are often used to model molecules (…) You can move such a structure around without changing its shape. For any chosen number of balls, many different structures can be formed. That is how I should like you to think about the instants of time. Each Now is a structure.[14]

Hier finden wir auch Kuhlmanns Liebe zu Struktur-Symmetrien wieder: Man kann eine solche Struktur bewegen, ohne ihre Form zu verändern. Und das ist natürlich umso leichter, je weniger das ganze mit Materie/Energie-Bewegungen zu tun hat. Bei reinen Beschreibungsformen ist es dann trivial. Wir wissen, dass wir denselben logischen Gehalt mit den unterschiedlichsten Sätzen ausdrücken können. Barbour sagt: Für jede gewählte Anzahl von Kugeln, können viele unterschiedliche Strukturen gebildet werden. Jedes Jetzt ist eine Struktur. Und als ob das nicht leer genug ist, bekommen wir auch bei ihm die *möglichen*

---
[13] Barbour, *The End*, S. 41.
[14] Barbour, *The End*, S. 41, 43.

„Jetzte" noch umsonst dazu. Ist es eigentlich *so* schwer zu verstehen: Es gibt keine „möglichen" Dinge. Wir können uns Dinge, Prozesse, Kausalitäten vorstellen, aber dadurch existieren sie bekanntlich nicht. Sie existieren nur, wenn sie existieren ... und das völlig unabhängig von irgendwelchen Vorstellungen. Die Vorstellungen von ihnen existieren wiederum nur als Gehirnprozesse. Letztere sind zwar materiell existent, aber durch sie existieren mitnichten die in ihnen vorgestellten Dinge – und das solange nicht, solange es sie nicht gibt.

8

Lee Smolins Wiederbelebung der Zeit

8.1 Smolins Variante des Relationalismus

Die „Abschaffung der Zeit", die wir schon seit Parmenides kennen, die aber in der modernen Physik ganz besonders durch den mathematischen Realismus forciert scheint, führt zu erheblichen Problemen in unserem Kosmologie-Verständnis.

Um Smolins Interesse an zyklischen Theorien zu verstehen, muss man wissen, dass seine Kritik an der „Abschaffung der Zeit" ein Universum expliziert, in dem die globale Zeit nicht behandelt wird wie ein vierter Raumparameter, sondern als eine tatsächliche Aneinanderreihung von Augenblicken in Form eines Zeitflusses:

> Das Denken in der Zeit ist kein Relativismus, sondern eine Form des Relationalismus – eine Philosophie, die behauptet, dass die angemessenste Beschreibung von etwas darin besteht, seine Beziehungen zu den anderen Teilen des Systems anzugeben, zu dem es gehört.[1]

---

[1] Smolin, *Im Universum*, S. 18.

Newton glaubte bekanntlich an einen fundamentalen, unbeweglichen Raum, während Leibniz den Raum eher für emergent und *die Relationen zwischen Objekten in der Zeit* für fundamental hielt. Vom *Relationalismus* Smolins (der wiederum von Leibniz inspiriert ist) scheint auch Kuhlmann angeregt worden zu sein (als Veranstalter von Tagungen des Zentrums für interdisziplinäre Forschung in Bielefeld, auf denen unlängst auch Smolin gesprochen hat, hatte er Gelegenheit, Smolins Relationalismus kennenzulernen). Allerdings hat er offensichtlich nicht verstanden, dass Smolin im Zusammenhang seines Relationalismus von *physikalischer Kausalität und entsprechenden Wechselwirkungen* sowie von einem *fundamentalem Zeitpfeil* geredet hat und nicht von einer Abschaffung bzw. von einer schon logisch unschlüssigen Substitution der Dinge durch Relationen, die sich bei Kuhlmann überdies lediglich als durch sekundäre Eigenschaften vermittelt zeigen sollten. Insbesondere verschwinden die Teile des Systems – bzw. die Dinge, zwischen denen die Relationen bestehen – bei Smolin *mitnichten*. Kuhlmann hat das entweder nicht verstanden, oder er wollte es nicht verstehen, weil es nicht in seinen Antirealismus passt. Er hat hier einfach mal die „Struktur" von Smolin genommen und dessen physikalische Entitäten durch idealistische ersetzt.

Einstein hatte sich bekanntlich schon sehr früh von Machs Antirealismus wieder abgewandt und sich spätestens mit seinen Beiträgen zur frühen Quantentheorie zum Realismus bekannt (das blieb dann in der gesamten Debatte mit dem Antirealisten Bohr so). In seiner Relativitätstheorie ist allerdings der antirealistische Einfluss von Ernst Mach noch auf Schritt und Tritt zu konstatieren. Außerdem wird hier die Welt gewissermaßen *Parmenidisch* als zeitlose Einheit vorgestellt:

8 Lee Smolins Wiederbelebung der Zeit

Gegenwart, Vergangenheit und Zukunft haben unabhängig von der menschlichen Subjektivität keine Bedeutung. Die Zeit ist einfach nur eine weitere Dimension des Raumes, und der Eindruck, den wir haben, wenn wir empfinden, wie Augenblicke vergehen, ist eine Illusion, hinter der sich eine zeitlose Wirklichkeit verbirgt.[2]

Der Erfolg klassischer Theorien wird von Smolin für meinen Geschmack sehr plausibel dadurch erklärt, dass es einen von Newton ersonnenen Begriffsrahmen gibt, der zeitlose Naturgesetze annimmt und Dinge und Kräfte, die in ihren Wechselwirkungen durch eben jene Gesetze unveränderlich determiniert sind. Die Zeit tickt bei Newton unabhängig von all dem vor sich hin, in friedlicher Gleichzeitigkeit für das ganze Universum. Smolin nennt das das *Newtonsche Paradigma*:

Die Eigenschaften der Teilchen, wie zum Beispiel ihre Massen und elektrische Ladungen, ändern sich nie. Und dasselbe gilt für die Gesetze, die auf sie einwirken. Dieser Begriffsrahmen eignet sich ideal zur Beschreibung kleiner Ausschnitte des Universums, aber er bricht zusammen, wenn wir versuchen, ihn auf das Universum als Ganzes anzuwenden.[3]

Smolin nennt diese idealisierten Beschreibungen für kleine Ausschnitte unserer Welt „physics in the box". Da wir unsere Messwerkzeuge bei diesen Teilsystemen („ein Radio, ein fliegender Ball, eine biologische Zelle, die Erde, eine Galaxie") – nach klassischen Vorstellungen – außerhalb des

---
[2] Smolin, *Im Universum*, S. 23.
[3] Smolin, *Im Universum*, S. 24.

Systems platzieren können, sind wir damit sehr erfolgreich gewesen.

Im Bereich der kosmologischen Fragestellungen hatten wir damit bis zum Eintreffen der Quanten-Kosmologie scheinbar keine Schwierigkeiten, aber mit ihr haben wir erhebliche Schwierigkeiten, denn hier wird klar, dass wir uns selbst im untersuchten System befinden, im Quantenuniversum eben. Dieses Quantenuniversum muss überdies aber auch noch den Gesetzen der Gravitation gehorchen – was die Sache nicht einfacher macht.

Die Idee von evolutiv aufgefassten Gesetzen ist nicht neu, wie Smolin schreibt, er zitiert dazu Charles Sanders :

> Die Annahme universaler Naturgesetze, die zwar vom Geist erfasst werden können, aber keinen Grund für ihre besondere Form besitzen, sondern unerklärbar und irrational sind, ist kaum zu rechtfertigen. Gleichförmigkeiten sind genau die Art von Tatsachen, die erklärt werden müssen (…) Ein Gesetz ist schlechthin das, was einen Grund benötigt. Die einzige Möglichkeit, die Naturgesetze und Gleichförmigkeiten im Allgemeinen zu erklären, besteht darin, sie als Ergebnisse der Evolution aufzufassen.[4]

Auch Popper hatte Sanders schon als einen der größten Philosophen gewürdigt, ungeachtet seines erkenntnistheoretischen Pragmatismus. John Archibald Wheeler und Richard Feynman haben später ebenfalls zu Bedenken gegeben, dass die Physik *zu den Naturgesetzen selbst* keinerlei evolutionäre Fragestellungen im Programm hatte. Smolin

---

[4] Charles Sanders Peirce, „The Architecture of Theories", *The Monist*, 1891, S. 161–176.

hatte 1997 versucht, physikalische Gesetze nach der biologischen Evolution zu modellieren, mit einer Theorie, die er „Kosmologische natürliche Auslese" nannte. In der Entwicklung physikalischer Gesetze ist dieser passive „Mutations"-Ansatz als Analogie natürlich passend. In der *biologischen* Evolution werden inzwischen allerdings – lang genug hat es gedauert – nicht nur die Mutationen an den Genen in Betracht gezogen (ein grundsätzlich zufälliges, passives Geschehen), sondern auch die gesamte Epigenetik bzw. die Enzymatik und die Aktivität der Organismen (biologische Selbstorganisation plus Selbstgerichtetheit der Individuen), also gewissermaßen die Ingebrauchnahme oder aber, wahlweise, die Inhibition der durch Mutation veränderten Gene durch *Verhaltens*-gesteuerte Polymerasen-Tätigkeit der Organismen. Dafür kann man natürlich kein Gegenstück in der reinen Physik finden. Aber hier wird es eben auch nicht benötigt. Rein physikalische Selbstorganisation reicht völlig aus. Smolin stellte sich hier (in seinen vorhergehenden Schriften) übrigens auch noch ein Parallel-Welten-Szenario vor, in einer Art „Fitnesslandschaft" schwarzer Löcher, die jeweils „Baby-Universen" hervorbringen (die Grund-Idee, dass Schwarze Löcher Babyuniversen hervorbringen, stammt von Stephen Hawking, der hatte allerdings keinen evolutionären Ansatz damit verknüpft). Immer wenn das geschehe, würden sich die Gesetze der Physik leicht verändern. Heute favorisiert Smolin eher ein zyklisches Universum, aus dem (zu unser aller Beruhigung) keine „Everett'schen" oder „ewig-inflationären" Personen-Kopien folgen. Letzteres würde sich nämlich aus den Wahrscheinlichkeits-Überlegungen bezüglich der (potenziellen) Unendlichkeiten ständig neu auftauchender Universen ergeben. Vilenkin und Linde arbeiten dagegen sowohl mit Parallel-Welten als auch mit Everett-Welten, ganz einfach, weil sie aus ihrer ewigen Inflation folgen. Für beide Ansätze gilt allerdings, dass Gesetze dem Universum in keiner Weise von außen auferlegt werden:

> Keine äußere Instanz, weder eine göttliche noch eine mathematische, legt im Voraus fest, was Naturgesetze sein sollen. Auch warten die Naturgesetze nicht stumm außerhalb der Zeit auf den Anfang des Universums. Vielmehr entstehen die Naturgesetze aus dem Inneren des Universums heraus und entwickeln sich in der Zeit (…)[5]

Weil sie sich nach den Energie- bzw. Materie-Verhältnissen richten und nicht umgekehrt, sollte man als Realist vielleicht hinzufügen.

Dann wird Gottfried Wilhelm Leibniz in dieser Sache sozusagen gegen Newton in Anschlag gebracht. Smolin hält das „Prinzip des zureichenden Grundes" offenbar für eine Leibnizerfindung:

> Leibniz formulierte ein Rahmenprinzip für kosmologische Theorien, das ‚Prinzip des zureichenden Grundes' genannt wird und besagt, dass es für jede scheinbare Wahl beim Aufbau des Universums einen Grund geben muss. Auf jede Frage der Art ‚Warum ist das Universum X anstatt Y?' muss es eine Antwort geben.[6]

---

[5] Smolin, *Im Universum*, S. 28–29.
[6] Smolin, *Im Universum*, S. 30.

Erstens kennt man diese Redewendung schon von Aristoteles, der damit auf eine rein logische Begründung abzielte, nicht auf echte (physikalische) Kausalität. Zweitens hat Leibniz diese Redewendung ebenfalls in logischen bzw. argumentativen und *außerdem* in kausalen Zusammenhängen verwendet. Wir dürfen nicht vergessen, dass Aristoteles als Begründer der syllogistischen Logik und Leibniz als Begründer der ersten formalisierten Logik bekannt sind – beide (wie auch alle ihre Nachfolger) haben entsprechende Argumente seinerzeit als Begründungsinstrumente betrachtet. Erst Popper hat darauf aufmerksam gemacht, dass die Logik allenfalls als Instrument der bedingten Widerlegung eingesetzt werden kann. Insbesondere darf aber *nicht Begründung mit Kausalität gleichgesetzt* bzw. Kausalität als Form des Denkens betrachtet werden, wie das bei Antirealisten standardmäßig gehandhabt wird – bei ihnen wird Kausalität als konstruiert und *nur* als konstruiert betrachtet. Für Realisten existiert Kausalität als Folge physikalischer Wechselwirkungen *unabhängig* von unseren konstruierten kausalen Erklärungen bzw. „Gründen" (wie Smolin selbst auch an anderer Stelle sagt). So verhält es sich mit den Naturgesetzen allgemein: es gibt die physikalisch vorhandenen Naturgesetze unabhängig von unseren konstruierten „Naturgesetzen", also unabhängig von unseren Hypothesen dazu.

Begriffe wie „hinreichend", „zureichend" oder „notwendig" fanden ihre erste Verwendung in metalogischen Bemerkungen zu Implikationen. Hier wird bekanntlich gefordert, dass die linke Seite eine *hinreichende* und die rechte Seite eine *notwendige* Bedingung darstelle.

Eine andere, wertvolle (und nicht-ambivalente) Erbschaft, die wir Leibniz zu verdanken haben, ist sein Identitätssatz. Den kann man sehr viel eindeutiger (als etwa den Satz vom zureichenden Grunde) *gegen* die seltsamen Ideen zu einer gesonderten „Quantenlogik" in Anschlag bringen. Das Leibnizsche Prinzip der Identität des Ununterscheidbaren wird noch heute in der zweiwertigen deduktiven Logik akzeptiert und verwendet. Das Prinzip der logischen Identität: x ist genau dann mit y identisch, wenn x und y alle Eigenschaften gemeinsam haben. Dann gilt nämlich $x \equiv y$ ($\equiv$ steht für *identisch*).

Smolin rekrutiert diese Definition erfolgreich für seine Individualitäts-Behauptung für jedes Fermion seiner Klasse, also etwa für jedes einzelne Elektron. Etwas physikalischer fokussiert könnte man deshalb in diesem Zusammenhang sagen: Ein materieller Gegenstand a ist genau dann mit einem materiellen Gegenstand b identisch, wenn sich zwischen a und b kein Unterschied finden lässt. In der Quantentheorie gab es allerdings (bis zu Wolfgang Paulis Prinzip) eine Missachtung dieser wohlüberlegten Identitäts-Definition, denn hier galten alle Teilchen *einer Art* als miteinander identisch. Nicht berücksichtigt wurde, dass *Fermionen* (Materieteilchen *mit* Ruhemasse) nicht in allen Quantenzahlen (Orbital, Drehimpuls, Spin) übereinstimmen können. Das ist Paulis Ausschließungsprinzip. Aus letzterem folgt die Tatsache, dass zwei Elektronen in einem Atom sich z. B. nicht an demselben Ort (Orbital) aufhalten bzw. bündeln können (dieser spezielle Fall wurde experimentell zuerst entdeckt). Wellen-theoretisch ausgedrückt verhält sich die Wellenfunktion der Fermionen bei Ortsvertauschung antisymmetrisch, während sich diejenige der Bosonen (Kraftteilchen) symmetrisch verhält (für Bosonen gilt das Pauli-Prinzip also nicht, wie wir an der prinzipiell unlimitierten Bündelungs-Fähigkeit der Photonen in Lasern auch sehr gut sehen können). Der alte quantentheoretische Identitätsbegriff (der ja die gesamte Menge einer Teilchen-Art umfassen soll) widerspricht also dem Paulischen Ausschließungsprinzip (ein Prinzip, dass von Anfang an experimentierbar war). Smolin argumentiert in diesem Zusammenhang für meinen Geschmack zu Recht, dass man deshalb von der raumzeitlichen *Individualität* der einzelnen Materie-Teilchen/Wellen reden muss, was gegen eine gewissermaßen physikalisch „intrinsische" mathematische Zeitlosigkeit bezüglich einer mathematischen Identität spricht, da die Materie-Entitäten alle an eigene, voneinander unterschiedene Raumzeit-Zustände gebunden sein müssen. Es gibt viele ähnliche physikalisch relevante Argumente gegen ähnliche mathematische Idealisierungen.

Smolin versucht allerdings auch sehr häufig, Leibniz mit dessen „Prinzip des zureichenden Grundes" für seine neu beschworene Zeit einzuspannen. Dieses Prinzip kann man nun – wie wir oben gesehen haben – rein idealistisch-konstruktivistisch auffassen *oder aber* als Kausalitätsüberlegung mit physikalischem Geltungsanspruch. Leibniz hatte bekanntlich in seiner *Theodizee* geschrieben, dass:

> (…) nichts geschieht, ohne dass es eine Ursache oder wenigstens einen bestimmenden Grund gibt, d. h. etwas, das dazu dienen kann, a priori zu begründen, weshalb etwas eher existiert als nicht existiert (…)[7]

---

[7] Gottfried Wilhelm Leibniz: *Theodizee*, Suhrkamp 1999, S. 273.

Wir sehen, es gibt einerseits eine kausale bzw. physikalisch relevante Überlegung. Aber, wenn diese kausalen Verhältnisse nicht zugreifbar sein sollten, wird eine apriorische Begründung ebenfalls für möglich gehalten (das ist bei Leibniz auf seine religiöse Einstellung zurückzuführen). Ähnlich hat Aristoteles dieses Prinzip auch schon aufgefasst. Letzteres wird allerdings (genauso wie im Übrigen ja auch jede andere Art von Begründung) vom fallibilistischen Falsifikationismus für unmöglich gehalten. Aber Smolin sieht darin offenbar keine Schwierigkeit, denn er glaubt *sowohl* an Falsifikationen *als auch* an Verifikationen. Diese Vermischung (bzw. diese Dualismen) von experimentierbaren Kausalitäten mit apriorischen Begründungen kann ein kritischer Realist ebenso wenig nachvollziehen wie die gleichzeitige methodologische Akzeptanz von Falsifikation und Verifikation. Da letztere apriorisch oder ähnlich dogmatisch deduktivistisch als *Idealismus* – und induktivistisch, ideistisch verstanden schlicht als *logisch ungültig* – gewertet werden muss, kann man wohl darauf bestehen, dass bei allen Argumentationen ganz klar gemacht werden sollte, ob man von experimentierbarer Kausalität redet oder lediglich von logischer oder sonst wie gearteter Begründung.

Bei Aristoteles und Parmenides wurde das schon in ganz ähnlich unentwirrbarer Parallelität behandelt – häufig zu Ungunsten einer als *real* verstandenen Kausalität. Bei Hume war Kausalität dann (komplett antirealistisch) nur noch ein anderes Wort für die „Gesetze des Denkens". So haben der deutsche Idealismus und auch der logische Empirismus das übernommen. Kant hat den logisch unschlüssigen Induktivismus zwar nie in Erwägung gezogen, aber den Antirealismus in seinen Deduktivismus übernommen und sogar noch ausgebaut, indem er Raum und Zeit als reine Anschauungsformen und Kausalität nur als Post-hoc-Beobachtung gelten ließ. So kam er natürlich nicht zu seinem berühmten „Ding an sich", an das er, sozusagen privat, ja durchaus glaubte. Die Vermischung von kausaler Ursache und rationaler Begründung ist im Ideismus wie im Idealismus orthodox, weil die Kausalität hier im Wesentlichen als unsere Vorstellungskonstruktion, also nicht als real betrachtet wird – oder doch (in abgeschwächter Form) wenigstens als nicht ermittelbar (wie im Empirismus/ Pragmatismus).

Wenn man *reale* Kausalität meint, wie Smolin, ist es nicht empfehlenswert, auf den *Satz vom zureichenden Grunde* (in welcher der vorliegenden Versionen auch immer) zu rekurrieren. Weniger ambivalent ist es in jedem Fall, auf den physikalisch zentralen Begriff der materiellen bzw. energetischen *Wechselwirkung* abzuheben. Denn das ist es auch, was Smolin „kausale Struktur" nennt. Leibniz spricht dagegen immer in einem Quasi-Dualismus zu diesem Thema (wie auch alle seine Vorgänger) – und man darf nicht vergessen, er vertritt in seinem Apriorismus gerade *den* mathematischen Platonismus, der zur Zeitlosigkeit in der Physik beigetragen hat, und den Smolin zu Recht bei Tegmark und vielen anderen modernen Theoretikern kritisiert. Mindestens der zweite Teil des Satzes, in dem Leibniz über Aprioris spricht, wird heute eben von einer fallibilistischen Position aus (auch gegenüber Kant und Kantianern etwa) für falsch gehalten. Es gibt keine sicheren Aprioris im Sinne erkennbarer Gesetzmäßigkeiten, die vor aller Erfahrung *gültig* sein könnten, und es gibt keine sicheren Begründungen, die zu solchen obersten allgemeinen Wahrheiten führen könnten, weder induktiv noch deduktiv. Sie könnten, wie wir schon gesehen haben, nur ins Münchhausentrilemma führen.

Dieselbe Ambivalenz könnte man dem Begriff des *Relationalismus* zusprechen. Smolin verwendet ihn, um sich insbesondere vom *Zeit*-Relativismus der Relativitätstheorie abzugrenzen, aber wir haben bei Kuhlmann gesehen, wie leicht man den Relationalismus-Begriff auch antirealistisch missbrauchen kann, insbesondere, wenn man *primäre physikalische Eigenschaften* substituiert durch *subjektive bzw. sekundäre Eigenschaften*. Ebenso wie Antirealisten den Begriff der Naturgesetze rein konstruktivistisch verwenden, also ohne noch einmal zu unterscheiden zwischen den Naturgesetzen, die ohne unsere Konstruktionen bestehen (wie immer die dann beschaffen sein mögen) und unseren reinen, womöglich sogar noch ungeprüften Konstruktionen, ebenso wird der *Eigenschaftsbegriff* von ihnen missbraucht. Realisten in der Physik, in der Chemie oder in der Biologie reden von den *physikalischen* Eigenschaften ihrer Objekte und von Relationen zwischen ihnen nur in Bezug auf ihre physikalischen Wechselwirkungen. Sie wissen natürlich, dass sie sich über diese Eigenschaften gehörig irren können, dass Konstruktionen also überprüft werden müssen, aber sie machen eben gewöhnlich einen *Unterschied* zwischen ihren Konstruktionen und den Entitäten an sich und sind deshalb in der Regel auch Fallibilisten und Falsifikationisten – nicht selten auch, ohne diese Ausdrücke überhaupt zu kennen.

Der zweite Teil von Leibniz' Prinzip (der Apriorismus) widerspricht dem Fallibilismus, der notwendig zum Falsifikationismus gehört, den Smolin ansonsten ja auch vertritt (den er ja auch bei der Überprüfung seiner eigenen Theorie praktiziert hat). Diese Unverträglichkeit hat ein Analogon in Smolins gewissermaßen simultaner Referenz auf Kuhn und Popper *gleichermaßen.* Er redet – von Kuhn inspiriert – von einem Newtonschen „Paradigma". Wir haben allerdings gesehen, dass man den Begriff des Paradigmas keinesfalls in Kuhns quasi-religiöser Lesart auffassen kann. Aber das tut Smolin dann ja auch mitnichten, denn was *er* dazu sagt, ist natürlich vollkommen richtig: In einer isolierten Physik, auf kleine Teile des Universums angewandt, waren Newtons Vorstellungen von Erfolg gekrönt, in Bezug auf das ganze Universum ist daraus aber eine reine Strukturalisierung bzw. Mathematisierung der Physik geworden, die zur „Verunzeitlichung" der Welt durch die Auffassung der Naturgesetze als zeitloser mathematischer Gesetze geführt hat. Überdies ist für Smolin die Überprüfbarkeit durch den Falsifikationismus ebenfalls zentral. Er fordert ja gerade neue Theorien, die falsifizierbar sein müssen – oder aber „verifizierbar", wie er denkt. Echte Verifizierbarkeit ist allerdings im Falsifikationismus ausgeschlossen, so dass wir das als einigermaßen unreflektiertes Begründungsdenken bei Smolin ansehen müssen, inspiriert eben von der Leibnizschen Idee einer zureichenden Begründung im apriorischen Sinn. Smolin kennt offenbar Poppers schlagende Kritik am Verifikationismus nicht. Sichere Begründung ist, aufgrund ihres Infinitismus schlechthin nicht durchführbar. Der Begriff eines „infiniten Beweises" involviert schlicht eine Contradictio in adjecto. Rein formal landet man *bestenfalls* in einem Beweis innerer Widerspruchsfreiheit (falls das System unterhalb der Komplexität der Arithmetik liegt). Und dieser Rückzug auf die rein formalistische Position führt uns ja gerade bevorzugt zur Zeitlosigkeit in der Kosmologie, die Smolin andererseits

202   Die Fälschung des Realismus

zu Recht kritisiert. Selbst wenn Newton über den Fluss der Zeit redet, meint er nur eine vorgestellte, mathematische Zeit:

> Die absolute, wahre und mathematische Zeit verfließt an sich und vermöge ihrer Natur gleichförmig und ohne Beziehung auf irgendeinen äußeren Gegenstand.[8]

Leibniz hatte Smolins Meinung nach schon die Idee, dass nichts *im* Raum existiert, sondern der Raum erst durch ein Netzwerk von Beziehungen definiert wird. Smolin interpretiert das *realistisch* durch in einem Netzwerk verbundene „Entitäten". Weiter unten redet er auch von „Dingen". Aber man darf nicht vergessen, Leibniz war eine Art deduktivistischer Apriorist (ähnlich wie Kant), der sich das ganze durchaus zunächst als quasi-formalistischen Zugang vorstellen konnte, wie wir eben schon gesehen haben. Smolin schreibt:

> Es war Einstein, der Leibniz' Vermächtnis ernst nahm und seine Prinzipien als Hauptmotiv für seine Umwälzung der Newton'schen Physik und deren Ersetzung durch die allgemeine Relativitätstheorie nutzte – eine Theorie des Raums, der Zeit und der Gravitation, die Leibniz' relationale Auffassung von Raum und Zeit weitgehend realisierte. Leibniz' Prinzipien werden auch noch auf eine andere Weise in der parallel stattfindenden Quantenrevolution verwirklicht.[9]

---
[8] Isaac Newton: *Mathematische Prinzipien der Naturlehre*, London 1687.
[9] Smolin, *Im Universum*, S. 31.

Allerdings hatte Einstein dabei eine ganz andere Vorstellung von Zeit als Leibniz. Smolin nennt das ganze dann die „relationale Revolution" des 20. Jahrhunderts. Wir wissen aber, dass Einstein seine Relativitätstheorie zunächst in einem ziemlich antirealistischen Sinne interpretierte, später (bei seiner Mitwirkung an der Quantentheorie) dann allerdings mehr und mehr realistisch – woran man sehen kann, dass man die Einflüsse derart inspirierter Idealisten (das waren ja in diesem Fall nicht nur Leibniz, sondern auch Mach), von ihrem Idealismus befreit, ebenfalls zu einem überzeugenden Realismus machen kann, wenn man nur will. Smolin versteht diese Relationalität nämlich realistisch kausal – ganz anders als strukturalistische Autoren.[10] Und er rekurriert letztlich auch nur auf den kausalen Teil des Leibniz-Prinzips, der dann wirklich gut zu gebrauchen ist für seine eigene Zeitvorstellung:

> (…) folgt aus Leibniz' großem Prinzip, dass es keine absolute Zeit geben kann, die blind weitertickt, ungeachtet dessen, was auch immer in der Welt geschieht. Die Zeit muss eine Folge von Veränderung sein; ohne Veränderung in der Welt kann es keine Zeit geben (…) tatsächlich muss jede Eigenschaft eines Gegenstands in der Natur eine Widerspiegelung dynamischer Beziehungen zwischen ihm und anderen Dingen in der Welt sein.

Hier wird Smolins *realistischer* (Wechselwirkungs-)Relationalismus (mit Leibniz-Zeitpfeil) ganz klar, und auch, dass

---
[10] Gar nicht zu reden davon, was der Begriff der Relationalität gerade in der New-Age-Szene an heißer Luft verbreitet. Da toben sich Redewendungen wie *The Relational Revolution in Psychology* und *Relational-Cultural-Therapy* in ganzen Büchern aus.

Einstein selbst mit einer allgemeinen Zeitpfeil-Akzeptanz (vielleicht zusätzlich zu seiner den Raum messenden, geschwindigkeits-dynamischen Zeit) besser gedient gewesen wäre.

Als die Hauptbotschaft seines Buches betrachtet Smolin die Annahme, *dass die Zeit wirklich ist und die Naturgesetze sich mit der Zeit ändern*. Nur so sieht er einen gangbaren Weg zur Zusammenführung von Quantentheorie und Relativitätstheorie, also zur berühmten *Quantengravitation*.

Ptolemäus' Kosmogonie könnte als ein Beispiel für mathematische Schönheit und scheinbare Bestätigung durch Beobachtung aufgefasst werden. Tycho Brahe konnte mit bloßem Auge beobachten, dass sich Planeten, Sonne und Mond nach Ptolemäus Voraussagen zu verhalten *scheinen*. Länger als 1000 Jahre waren Astronomen von der Richtigkeit des Systems überzeugt:

> Wir erhalten hier eine Lektion, die uns sagt, dass weder die mathematische Schönheit noch die Übereinstimmung mit Experimenten garantieren kann, dass die Vorstellungen, auf denen eine Theorie beruht, auch nur die geringste Beziehung zur Wirklichkeit haben. Manchmal führt uns die Deutung der Muster in der Natur in die falsche Richtung (…) Ptolemäus und Aristoteles waren nicht weniger wissenschaftlich als die Wissenschaftler von heute. Sie hatten einfach nur Pech in dem Sinne, das mehrere falsche Hypothesen zusammen gut funktionierten.[11]

Kopernikus' Entdeckung, dass alle scheinbaren Epizyklen dieselbe Periode haben und sich in Übereinstimmung mit

---

[11] Smolin, *Im Universum*, S. 56.

der scheinbaren Umlaufbahn der Sonne befinden, führte ihn dazu, die Sonne ins Zentrum des Systems zu setzen. Das war nun sicherlich revolutionär genug, aber Kopernikus war ein Revolutionär wider Willen, wie Smolin schreibt. Er konnte sich nicht von der Vorstellung einer exakten Kreisbahn der Planeten trennen. Also musste er ebenfalls mit Epizyklen arbeiten, um seine Theorie an die Beobachtungen anzupassen.

Abhilfe fanden erst Tycho Brahe und Johannes Kepler. Kepler entdeckte zuerst an Mars die Ellipsenform der Bahn, dann auch an den anderen Planeten. Damit tauchten eine Menge neuer Fragen auf. Insbesondere die Frage, warum bewegen sich Planeten überhaupt. Kepler war der erste, der eine Kraft vorschlug, allerdings eine zentrifugal wirkende. Die Sonne sollte – ähnlich wie ein Krake – die Planeten in ihrer Ekliptik herumschleudern.

Bekanntlich wurde schon im 3. Jahrhundert v. u. Z. von Aristarch von Samos vorgeschlagen, dass die Erde um die Sonne kreist und nicht alles andere um die Erde:

Seine heliozentrische Kosmologie wurde von Ptolemäus und anderen erörtert und war wahrscheinlich so großen Gelehrten wie Hypatia bekannt, einer brillanten Mathematikerin und Philosophin (…) Angenommen sie (…) hätte Galileis Fallgesetz oder Keplers elliptische Umlaufbahnen entdeckt. Schon im 6. Jahrhundert hätte es einen Newton geben und die wissenschaftliche Revolution hätte volle tausend Jahre früher beginnen können.[12]

---

[12] Smolin, *Im Universum*, S. 60.

Realiter ist Isaac Newton 1000 Jahre später von der Ähnlichkeit von irdischer Parabel (Galileis Fall) und himmlischer Ellipse (Keplers Bahnen) zur ersten großen Vereinheitlichung inspiriert worden, nämlich zu der von Himmel und Erde. Smolin betont dann, dass es wohl wenig in der Geschichte des menschlichen Denkens gebe, das tiefgründiger sei als die Entdeckung dieser mathematischen wie physikalischen Gemeinsamkeit von Fallgesetz und Planetenbewegungen. Diese Entdeckung Newtons brachte erstmals die Mathematik nicht nur apriorisch ins Spiel wie bei Platon oder Aristoteles. Deren Naturwissenschaft war in der Tat im wesentlichen gewissermaßen anekdotisch beschreibend. Newtons Mathematik *schien* dagegen tatsächlich zeitlos und wohnte auf der Erde und im Himmel gleichermaßen. Sie hat das Anekdotische endgültig aus der Wissenschaft vertrieben. Was bei Platon nur irgendwie apriorischer Wunsch war, schien sich bei Galileo ganz irdisch und bei Newton irdisch und himmlisch im *täglich zu Sehenden* wieder zu finden. Eine Interpretationsleistung ganz besonderer Art:

> Als Galileo entdeckte, dass fallende Körper durch eine einfache mathematische Kurve beschrieben werden, erfasste er einen Aspekt des Göttlichen, brachte es vom Himmel auf die Erde und zeigte, dass es in der Bewegung alltäglicher, irdischer Dinge entdeckt werden konnte. Newton zeigte, dass die unglaubliche Vielfalt von Bewegungen auf der Erde und im Himmel, ob sie nun von der Gravitation oder von anderen Kräften angetrieben wird, eine Manifestation einer verborgenen Einheit ist.[13]

---
[13] Smolin, *Im Universum*, S. 64.

8.2 In der Zeit

Smolin entwirft in seinem Buch einen ganz besonderen Suchscheinwerfer, indem er die Wirklichkeit der Zeit annimmt. Im Falle der Richtigkeit dieser Annahme sollte es auch Eigenschaften geben, die sich nur durch eine fundamentale Zeit erklären lassen.

> Unter der gegenteiligen Annahme – dass die Zeit emergent ist – sollten diese Eigenschaften rätselhaft und zufällig erscheinen.[14]

Wir sehen nun in der Tat, dass sich das Universum vom Einfachen zum Komplexen entwickelt. Das steht aber nicht im Widerspruch zur zunehmenden Entropie anderenorts. Die Zunahme der Entropie ist nur der Preis, den wir für die zunehmende Strukturierung in den Gravitationsgebieten zahlen. Aber wir zahlen ihn eben nicht da, sondern anderswo – an thermodynamische Gleichgewichtsgebiete sozusagen. Der Pfeil in Richtung zunehmender Komplexität ist in stark durch Gravitation bestimmten Gebieten aber immer präsent (früher hat man dieses Phänomen bisweilen auch *Neg-Entropie* genannt, aber nicht so erklärt wie Smolin):

> Dadurch gewinnt die Zeit eine starke Gerichtetheit – wir sagen, dass das Universum einen Zeitpfeil besitzt. In einer Welt, in der die Zeit unwesentlich und emergent ist, ist Gerichtetheit äußerst unwahrscheinlich.

---

[14] Smolin, *Im Universum*, S. 264.

Nun ist zufällige bzw. übergangslose Komplexität aber ebenfalls äußerst unwahrscheinlich. Der Komplexitätspfeil, den wir überall beobachten können, setzt sich denn auch aus ganz kleinen Schritten zusammen.

> Diese finden in einer Reihenfolge statt, was eine starke zeitlich Ordnung von Ereignissen impliziert. Alle wissenschaftlichen Erklärungen von Komplexität erfordern eine Geschichte, in deren Verlauf die Grade der Komplexität langsam und schrittweise ansteigen. Das Universum muss also eine Geschichte haben, die sich in der Zeit abspielt.

Hier erkennt man auch sehr schön das *evolutionäre* Bild, das bisher im Wesentlichen lediglich auf die Biologie angewandt wurde. Smolin kritisiert in diesem Zusammenhang zu Recht ein naives Verständnis von Entropie und Thermodynamik. Nicht nur die Physiker des 19. Jahrhunderts, sondern auch zeitgenössische Theoretiker, die an das „Paradigma" der Zeitlosigkeit glauben, halten Komplexität für zufällig und vorübergehend. Sie glauben an den so genannten Wärmetod des Universums im thermodynamischen Gleichgewicht. Smolin erklärt dagegen, warum ein immer komplexer werdendes Universum *natürlich* ist. Zu Beginn war das Universum mit einem Plasma im Gleichgewichtszustand angefüllt. Von dieser Einfachheit (also von einer hohen Entropie) aus hat es sich geradezu atemberaubend diversifiziert (also auch unzählige Bereiche mit abnehmender Entropie erzeugt). Dessen ungeachtet wird immer noch an Parmenides und Aristoteles geglaubt, die der Meinung waren, dass ein Gleichgewichtszustand der natürlichste sei. Man muss aber wissen, dass sich die Gesetze der Thermodynamik auf eine Physik in künstlicher Isolation beziehen – und sollte außerdem wissen, dass Aristoteles und Newton einen ganz anderen Gleichgewichtsbegriff behandelt haben, nämlich einen, der das Gleichgewicht von *Kräften* behandelt.

> Der Schlüssel zum Verständnis der modernen Thermodynamik liegt darin, dass sie zwei Beschreibungsebenen umfasst. Das ist zum einen die mikroskopische Ebene, die eine präzise Beschreibung der Positionen und Bewegungen aller Atome in einem bestimmten System beinhaltet. Dies wird als Mikrozustand bezeichnet. Zum anderen gibt es eine makroskopische Ebene oder den Makrozustand des Systems, dem eine grobe angenäherte Beschreibung anhand weniger Variablen wie etwa Temperatur und Druck eines Gases entspricht.[15]

Smolin erläutert das Verhältnis dieser Beschreibungsebenen (S. 267 ff.) an einem gewöhnlichen Ziegelsteingebäude im Vergleich mit einem Haus, das als Kunstwerk entstanden ist. Der Architekt gibt bei ersterem nur die Maße der Wände an (Makrozustand). Die Ziegelsteine stellen wir uns identisch vor – man kann sie also (bei Strukturerhaltung) vertauschen. Jetzt haben wir einen Symmetrie-Effekt. Es gibt kombinatorisch eine gewaltige Menge verschiedener möglicher Mikrozustände (Vertauschungen quasi-identischer Teile), „die ein und demselben Makrozustand entsprechen." Frank Gehrys Guggenheim-Museum in Bilbao besteht dagegen z. B. aus einzelnen jeweils speziell gekrümmten und individuell handgefertigten (also aus nicht austauschbaren)

---

[15] Smolin, *Im Universum*, S. 267.

Metallplatten. Wir sehen gleich, Gehrys Haus könnte man sogar die Entropie Null zusprechen, wenn auch alle anderen Teile Einzelstücke wären. Unser Ziegelsteinhaus hat dagegen ein hohe Entropie, denn die mögliche Kombinatorik der Steine ist sehr hoch – wir benötigen hier deshalb nur die Maße für Wände, Böden und Dach. Das sorgt aber dafür, dass der Algorithmus für den Bau des Ziegelsteinhauses *sehr* viel kürzer ist als bei Gehrys Haus. Denn welcher Ziegel wo hingesetzt wird, ist hier egal. Bei Gehrys individuellen Platten muss der Einbauort und die genaue Form dagegen für *jede* einzelne Platte angegeben werden. Bei der Entropie nahe Null verfügen wir also über fast gar keine algorithmische Kompressionsmöglichkeit mehr – die Beschreibung ist im wesentlichen frei von Redundanz und entsprechend umfangreich.

> An diesem Beispiel können wir sehen, dass die Entropie sich invers zum Informationsgehalt verhält. Man braucht viel mehr Information, um das Design eines Gehry-Gebäudes zu spezifizieren, weil man genau angeben muss, wie jedes Teil hergestellt werden soll und wo es hinkommt.[16]

Bei einem Gebäude mit vielen austauschbaren Elementen besitzt man also informationstheoretisch gesprochen eine viel stärkere algorithmische Kompression. Nehmen wir nun unseren vertrauten thermodynamischen Gasbehälter: Die fundamentale Beschreibung ist hier mikroskopisch – sie gibt uns Ort und Bewegungszustand jedes Moleküls. Das ist eine gewaltige Informationsmenge. Die makroskopische Beschreibung begnügt sich mit Dichte, Temperatur und

---
[16] Smolin, *Im Universum*, S. 268.

Druck, dafür brauchen wir nur drei Zahlen. Wenn man die Orte aller Moleküle kennt, kennt man auch die Dichte und Temperatur (= mittlere Bewegungsenergie). Umgekehrt funktioniert das aber nicht, weil die Entropie den einzelnen Atomen eine gewaltige mögliche Kombinatorik erlaubt. Smolin argumentiert nun:

> Um vom Mikrozustand zum Makrozustand überzugehen, ist es hilfreich zu zählen, wie viele Mikrozustände mit einem Makrozustand konsistent sind. Wie bei den Gebäudebeispielen wird diese Zahl von der Entropie der makroskopischen Konfiguration festgelegt. Man beachte, dass die so definierte Entropie nur eine Eigenschaft der Makrobeschreibung ist. Folglich ist die Entropie eine emergente Eigenschaft; es ist nicht sinnvoll, dem genauen Mikrozustand eines Systems eine Entropie zuzuschreiben.[17]

Der nächste Schritt (nun wieder im Gasbehälter-Beispiel) bestünde darin, die Entropie mit Wahrscheinlichkeiten zu verknüpfen. Dabei hält man alle Mikrozustände für gleich wahrscheinlich. Das wird dadurch gerechtfertigt, dass Gasatome dazu neigen, sich chaotisch zu vermischen bzw. zu randomisieren. Je höher der Randomisierungsgrad eines Makrozustands, um so wahrscheinlicher ist seine Realisierung. Einem solchen Gleichgewichtszustand wird die höchste Entropie zugeordnet. Atomisiert man einen beliebigen Makrozustand, so ist die Wahrscheinlichkeit seiner zufälligen Wiederbelebung äußerst gering. Wir scheinen also dem zweiten Hauptsatz der Thermodynamik nicht zu entkommen. Allerdings müsste man ein System nur

---
[17] Smolin, *Im Universum*, S. 269.

lange genug beobachten, um seine Konfigurations-Wiederholung bzw. „Wiederbelebung" konstatieren zu können. Man nennt einen solchen Zeitraum die „Poincaré'sche Rekurrenzzeit". Diese abnehmende Entropie im Kontext von Zufallsbewegungen der Gasteilchen ist sicherlich extrem unwahrscheinlich. Logisch ausgeschlossen ist sie aber nicht, denn Wahrscheinlichkeiten verbieten keine physikalisch möglichen Zustände. Liegt der Beobachtungszeitraum weit über der Poincaré'schen Rekurrenzzeit, wird es aber unwahrscheinliche Fluktuationen geben, die sich in Dichteunterschieden im Gas zeigen, ganz so, wie sich auch Dichteunterschiede im ursprünglichen Plasma-Gleichgewicht des ganz frühen Universums gebildet haben müssen, sonst wäre es ja gar nicht erst zu gravitativen Strukturierungen gekommen.

> Solange die Anzahl von Atomen endlich ist, wird es Fluktuationen geben, die zu jeder beliebigen Konfiguration führen, gleichgültig, wie selten sie ist.[18]

Ursprünglich wurde der zweite Hauptsatz ja ohnedies falsch formuliert. Die Entropie beliebiger Systeme durfte hier nur zunehmen oder gleich bleiben. Dieser Satz wurde ja klassisch, also ohne Atomvorstellung und Wahrscheinlichkeit eingeführt. Erst Paul und Tatjana Ehrenfest konnten zeigen, dass die Entropie auch *abnehmen* kann. Trotzdem sagt uns die Thermodynamik:

> dass nahezu jede Lösung der Gesetze der Physik ein Universum im Gleichgewichtszustand beschreibt, weil die

---
[18] Smolin, *Im Universum*, S. 273.

Definition des Gleichgewichtszustands lautet, dass er aus den wahrscheinlichsten Konfigurationen zusammengesetzt ist. Eine weitere Implikation des Gleichgewichtszustandes ist, dass die typische Lösung der Gesetze im Durchschnitt zeitsymmetrisch ist – in dem Sinne, dass Fluktuationen zu einem geordneteren Zustand genauso wahrscheinlich sind wie Fluktuationen zu einem weniger geordneten Zustand. Lässt man den Film rückwärts laufen, erhält man eine Geschichte, die genauso wahrscheinlich und im Mittel genauso zeitsymmetrisch ist.[19]

Von hier aus könnte man wohl behaupten, dass es gar keinen globalen Zeitpfeil gibt, aber:

> Unser Universum sieht überhaupt nicht nach diesen typischen Lösungen der Gesetze aus. Selbst jetzt, mehr als 13 Milliarden Jahre nach dem Urknall, befindet sich unser Universum nicht im Gleichgewichtszustand. Und die Lösung, die unser Universum beschreibt, ist zeitasymmetrisch.

Smolin bemerkt dann zu Recht, dass diese Eigenschaften außerordentlich unwahrscheinlich sein müssten, wenn man davon ausginge, dass sie zufällig entstanden sein sollten. Warum hat die Thermodynamik nicht längst mit dem Wärmegleichgewicht zugeschlagen, obwohl sie doch schon über 13 Mrd. Jahre Zeit dafür hatte? Das „Problem des Zeitpfeils" scheint zu sein, dass zahllose Phänomene die Gerichtetheit der Zeit durch ihren Verfall belegen, dass die fundamentalen Gesetze der Physik (mit ihrer Spiegelsym-

---

[19] Smolin, *Im Universum*, S. 276.

metrie) aber nicht verletzt werden wenn Menschen jünger würden oder zerbrochenes Geschirr sich selbständig wieder zusammensetzt. Man muss sich also fragen, warum diese wahrscheinlichkeitstheoretisch möglichen Ereignisse nie stattfinden.

Wir verfügen über ein ganzes Sammelsurium von Zeitpfeilen: Die Ausdehnung des Universums nennen wir *kosmologischen Zeitpfeil*. Der *thermodynamische Zeitpfeil* in der naiven Lesart, also mit nur steigender oder gleichbleibender Entropie scheint nur für kleine Teile des Universums zu gelten (wir haben ihn überdies nur idealisierend durch „physics in the box" abgeleitet). Wir kennen den Unterschied zwischen Vergangenheit und Zukunft, verfügen also über einen *empirischen Zeitpfeil*. Außerdem können wir über den noch etwas spezielleren *biologischen Zeitpfeil* reden (wie auch Popper und die Evolutionsbiologen das getan haben), weil wir die Tatsache, das wir älter und nicht jünger werden ja nicht nur als subjektive Erfahrung, sondern auch mit allen möglichen Messungen und biochemischen Tests feststellen können, falls wir unseren Augen nicht trauen. Der *psychologische Zeitpfeil* ist dagegen rein subjektiv – wenn uns gefällt, was wir tun, scheint die Zeit eher schnell zu vergehen, wenn wir es nicht mögen, scheint sie sich zu dehnen. Dass sich das Licht aus der Vergangenheit in die Zukunft bewegt und nie umgekehrt, zeigt der *elektromagnetische Zeitpfeil*. Es scheint überdies „einen Zeitpfeil schwarzer Löcher zu geben, der durch das Fehlen schwarzer Löcher in der Frühgeschichte des Universums nahegelegt wird." (S. 279)

Die Naturgesetze sind spätestens auf Quantenebene bzw. in der Quantentheorie zeitreversibel. Aus derartigen

8 Lee Smolins Wiederbelebung der Zeit

Gesetzen kann man keinen asymmetrischen Zeitpfeil ableiten. Julian Barbour[20] erklärt damit seine Zeitlosigkeit bzw. bezichtigt die Zeit nicht-fundamental bzw. emergent zu sein. Smolin schreibt dagegen:

> Die Zeitpfeile stellen jeweils eine zeitliche Asymmetrie dar; wie könnten sie aus zeitsymmetrischen Gesetzen entstehen? Die Antwort lautet, dass die Gesetze auf Anfangsbedingungen operieren. Die Gesetze können zwar im Hinblick auf die Umkehrung der Zeitrichtung symmetrisch sein, aber dasselbe muss nicht für die Anfangsbedingungen gelten. Die Anfangsbedingungen können sich zu Endbedingungen entwickeln. Tatsächlich ist das auch der Fall: Die Anfangsbedingungen unseres Universums scheinen äußerst genau eingestellt worden zu sein, um ein Universum hervorzubringen, das zeitasymmetrisch ist.[21]

Anders gesagt, von den Endbedingungen her könnte sich das Universum nicht spiegelsymmetrisch umkehren und etwa zeitlich in die andere Richtung bzw. zurück laufen, wie in einem Film, um bei den Anfangsbedingungen zu enden. Es können sich zwar die Vorzeichen von Protonen und Elektronen umkehren wie in Bojowalds zyklischem Universum, aber das wäre gerade nicht mit einer Zeitumkehr verknüpft, denn Expansion und anschließende Kontraktion des Universums geschehen in ein und demselben Zeitpfeil. Smolin argumentiert, dass die anfängliche Expansionsrate des Universums die Erzeugung von Galaxien und Sternen

---
[20] Julian Barbour, *The End of Time*, Oxford University Press, 1999.
[21] Smolin, *Im Universum*, S. 280.

maximiert habe. Die Anfangsbedingungen haben dafür gesorgt, dass die Expansion nicht zu schnell und nicht zu langsam stattfand. Im ersten Fall hätte sich das Universum zu schnell verdünnt (für Galaxien und Sterne). Im zweiten Fall wäre es gleich wieder kollabiert.

Würden die Gleichungen *möglicher* Universen gelten, wie bei Tegmark, wäre es dagegen möglich, dass wir weit in der Zukunft einen Film machen und ihn rückwärts laufen ließen. Hier gäbe es nämlich Bilder von Dingen, die früher existiert haben.

> Aber wenn wir den Film in der Zeit rückwärts laufen lassen, sehen wir ein Universum von lauter Dingen, die erst noch geschehen müssen. Tatsächlich würde Licht, das ein Bild transportiert, in das Ereignis fließen, das das Bild repräsentiert, und dort enden. Das Licht, das wir sähen, würde uns nur etwas über Dinge sagen, die erst noch geschehen … Um zu erklären, warum wir nur Dinge sehen, die geschehen oder schon geschehen sind, und nie etwas, das erst noch geschieht oder das nie geschehen wird, müssen wir strenge Anfangsbedingungen auferlegen.[22]

Und das hat das Universum offenbar getan. Würden wir nur über die elektromagnetischen Gleichungen verfügen, könnten wir das Universum auch gleich zu Anfang mit Licht beginnen lassen, das sich ungehindert bewegt. In einem solchen Universum hätten wir aber keine Information über die Vergangenheit, sondern nur eine einzige Lichtüberflutung. Aber es gibt eben einen elektromagnetischen Zeitpfeil, der erst später entstand, nachdem

---

[22] Smolin, *Im Universum*, S. 281.

sich das Quark-Gluonen-Plasma soweit verdünnt hat, *dass Strukturen vom Licht abgebildet werden* und diese Nachricht des Lichts sich im Raum verteilen konnte. Nur deshalb haben wir Bilder aus der Vergangenheit. Das kann man aber eben nicht als symmetrisch bezeichnen. Ähnlich kann man zur Asymmetrie der Gravitationswellen und schwarzen Löcher argumentieren. Schwarze Löcher konnten erst nach den Sternen bzw. nach Supernovae entstehen. Gravitationswellen entstehen etwa durch Zusammenstöße schwarzer Löcher. Roger Penrose[23] redet im Zusammenhang von Gravitationswellen, schwarzen und weißen Löchern von einer so genannten „Weylkrümmung", die von Null verschieden ist, da wo letztere auftreten. Bei der ursprünglichen „Singularität" solle dann aber – in Übereinstimmung mit unserem Wissen über das frühe Universum – Null gelten. Auch das ist eine zeitasymmetrische Bedingung, die der Wahl der Lösung der zeitasymmetrischen Gesetze der allgemeinen Relativitätstheorie auferlegt werden müsste. Nimmt man die Zeit aufgrund der vielfältigen zu beobachtenden Asymmetrien ernst, muss man nicht auf viele, insbesondere aber nicht auf alle *möglichen* Welten ausweichen, um die mit unseren bisherigen symmetrischen Gesetzen unwahrscheinlichen Anfangsbedingungen zu erklären. Man kann schlicht annehmen, das unsere Gesetze nur Approximationen an ein tieferes Gesetz sind (was ja auch schon Einstein dachte).

Was wäre, wenn dieses tiefere Gesetz zeitasymmetrisch wäre? Wenn das fundamentale Gesetz zeitasymmetrisch

---
[23] Roger Penrose, „Singularities and Time-Asymmetry" in *General Relativity: An Einstein Centenary Survey*, Cambridge 1979, S. 581–638.

ist, dann sind es auch die meisten seiner Lösungen ... Die Tatsache, dass das Universum hochgradig zeitsymmetrisch ist, würde ... direkt durch die Zeitsymmetrie des fundamentalen Gesetzes erklärt werden. Ein zeitasymmetrisches Universum würde dann nicht länger unwahrscheinlich, sondern notwendig sein.[24]

Ich halte diese Argumentation für sehr überzeugend. Eine Quantentheorie der Gravitation sollte auch nach Penrose offenbar stark zeitsymmetrisch sein – seine „Weylkrümmungshypothese" könnte man jedenfalls gut darauf abbilden.

Mit einer emergenten Zeit wäre eine zeitsymmetrische Theorie unnatürlich, wie Smolin zu Recht bemerkt. Wir hätten in einer fundamentalen Theorie ohne Zeitbegriff „keine Möglichkeit die Vergangenheit von der Zukunft zu unterscheiden."

Smolin weist dann – und das ist ganz wichtig – noch einmal darauf hin, dass der Begriff der Unwahrscheinlichkeit einer Konfiguration zwar einen Sinn in Bezug auf ein Newtonsches Subsystem macht, aber sicher nicht in Bezug auf das Universum als Ganzes, für das wir nur theoretische bzw. Konstruktions-Vergleiche haben. Eine *zufällige* Auswahl der Anfangsbedingungen können wir ebenfalls ausschließen, weil sie zu spezifisch angepasst sind an die Welt, die wir erleben. Smolin macht dann eine Unterscheidung zwischen zwei Arten von Multiversumstheorien. Auf der einen Seite Theorien, die unser Universum für unwahrscheinlich halten, wie die Theorien der „ewigen Inflation" (Vilenkin, Linde u. a.) und auf der anderen jene,

---

[24] Smolin, *Im Universum*, S. 283.

die davon ausgehen, dass es eine „kosmologische natürliche Selektion" gibt, die eine Menge von Universen beschreibt, in der unsere Art von Universum wahrscheinlich ist. Nur letztgenannte liefern falsifizierbare Vorhersagen für durchführbare Experimente.

> (…) in der ersten Klasse muss das anthropische Prinzip benutzt werden, um unsere Arten von unwahrscheinlichen Universen auszuwählen, und es sind keine Vorhersagen möglich, durch die die Hypothesen, die dem Szenario zugrunde liegen, unabhängig überprüft werden könnten. Wir müssen also zu dem Schluss gelangen, dass die Aussage, das Universum sei unwahrscheinlich, keinen empirischen Gehalt hat, ob es nun viele Universen oder nur eines gibt.[25]

Wir hatten das schon angesprochen. Das anthropische Prinzip scheint quasi-tautologisch. Nun beruht die Thermodynamik auf der Anwendung von Wahrscheinlichkeit auf der Quantenebene eines jeweiligen Sub-Systems (also eines Gasbehälters etwa). Wenn die Thermodynamik dagegen auf eine Eigenschaft des gesamten Universums angewandt wird, begehen wir nach Smolin den *kosmologischen Fehlschluss*, der uns dazu führt, einen ausnahmslosen Anstieg der Entropie in das ganze Universum hineinzulesen, der längst im thermodynamischen Gleichgewicht hätte enden müssen.

> Ludwig Boltzmann, der Erfinder der statistischen Erklärung der Entropie sowie des zweiten Hauptsatzes der Thermodynamik, scheint der erste gewesen zu sein, der eine

---
[25] Smolin, *Im Universum*, S. 284.

Antwort auf die Frage vorgeschlagen hat, warum das Universum sich nicht im Gleichgewichtszustand befindet.[26]

Boltzmann wusste ebenso wie Einstein nichts von der Expansion. Beide gingen von einem ewigen und statischen Universum aus. Einstein benötigte die Kosmologische Konstante, damit sein endliches Universum nicht unter der eigenen Schwerkraft zusammenstürzte. Boltzmann benötigte eine Erklärung, warum sein Universum sich nicht längst im Zustand des thermodynamischen Gleichgewichts befand – nach einer Ewigkeit von Zeit. Er schlug als Erklärung vor, dass unser Sonnensystem vor relativ kurzer Zeit samt näherer Stern-Umgebung als eine Fluktuation aus einem Gas im Gleichgewichtszustand entstanden sei. Diese Erklärung war aber falsch.

> Wir wissen das jetzt, weil wir fast bis zum Urknall zurück und entsprechend 13 Milliarden Jahre in die Vergangenheit blicken können und dabei keine Belege dafür finden, dass unsere Region des Universums eine Fluktuation mit niedriger Entropie in einer statischen Welt ist, die sich im Gleichgewicht befindet. Stattdessen sehen wir ein Universum, das sich in der Zeit entfaltet, wobei sich während der Expansion des Universums Strukturen auf jeder Skala entwickeln.[27]

Diese Kritik an der naiven Lesart der Thermodynamik ist nicht nur überzeugend, sondern hält auch immer den Strukturbegriff des kritischen Realismus bereit, der fest an

---

[26] Smolin, *Im Universum*, S. 285.
[27] Smolin, *Im Universum*, S. 286.

Materie/Energie gebunden ist, also nicht einfach nur mathematisch verstanden wird oder sich gar aus sekundären Eigenschaften rekrutiert. Smolin meint echte Kausalität, materielle Wechselwirkungs-Relationen, die notwendig die physikalisch relevanten Zeitpfeile mit sich bringen – den Raum betrachtet er schon eher als emergent.

Sachverzeichnis

A

Agassi, Joseph 113
Albert, Hans 4, 9
Andersson, Gunnar 4, 111, 113, 114, 119, 121, 122, 124, 125, 127, 129, 130, 131, 132, 134, 135, 137, 139, 141, 143, 147, 149, 151
Aristarch 159, 205
Aristoteles 157, 195, 198, 204, 206, 208, 209
Ashtekar, Abhay 160

B

Barbour, Julian 117, 178, 180, 181, 182, 183, 184, 186, 187, 215
Bartley, William Warren 9, 11, 12, 13, 14, 15
Bergson, Henri Louis 104
Bohm, David 160
Bohr, Nils 160, 190
Bojowald, Martin 164, 165, 215
Born, Max 160
Bunge, Mario 6, 173

C

Carnap, Rudolf 170
Chatelet, Emilie Du 157

D

DeWitt, Bryce 184
Dirac, Paul 160
Duhem, Pierre 111, 113, 117, 121, 122

E

Ehrenfest, Paul und Tatjana 212
Einstein, Albert 108, 116, 160, 161, 164, 166, 180, 183, 185, 190, 202, 203, 204, 220
Esfeld, Michael 3, 111, 117

F

Feyerabend, Paul 113, 114, 115, 119, 123, 124, 140, 161
Feynman, Richard 192

G

Galilei, Galileo 103, 123, 158, 205, 206

H

Hansson, Norwood Russell 113
Hawking, Stephen 117, 160, 178, 179
Hegel, Georg Wilhelm Friedrich 104
Heisenberg, Werner 160
Hume, David 181, 198
Husserl, Edmund 104
Hypatia 159, 205

J

James, William 5

K

Kanitscheider, Bernulf 117
Kepler, Johannes 158, 205, 206
Kopernikus, Nikolaus 134, 158, 204
Koyre, Alexander 104

Kuhlmann, Meinard 165, 166, 168, 169, 171, 172, 187, 190, 200
Kuhn, Thomas S. 16, 101, 106, 107, 110, 113, 114, 117, 119, 121, 122, 124, 125, 126, 127, 133, 135, 138, 140, 142, 144, 145, 151, 153, 155, 157, 160, 161, 162

L

Lakatos, Imre 113, 119, 138, 140, 141, 142, 146, 149
Lavoisier, Antoine Laurent de 135, 136, 137
Leibniz, Gottfried Wilhelm 157, 190, 194, 195, 197, 199, 200, 202
Linde, André 176, 194, 218

M

Mach, Ernst 190
Mahner, Manfred 173
Musgrave, Alain 4

N

Neurath, Otto 170
Newton, Isaak 105, 109, 149, 156, 190, 191, 194, 201, 206, 209, 218

O

Ockham, Wilhelm von 8, 168

P

Parmenides 179, 180, 189, 198, 208
Pauli, Wolfgang 160, 196
Peirce, Charles SandersPeirce 5, 192
Penrose, Roger 160, 217, 218
Platon 199, 206
Podolski, Boris 160
Poincaré, Henri 173, 212
Popper, Karl R. 1, 4, 9, 15, 103, 106, 112, 115, 117, 121, 122, 125, 132, 139, 141, 142, 145, 146, 148, 152, 156, 195
Priestley, Joseph 135, 136, 138
Ptolemäus, Claudius 134, 158, 204

Q

Quine, Willard van Orman 1, 113, 170

R

Rosen, Nathan 160
Rovelli, Carlo 160

S

Schlick, Moritz 170
Schrödinger, Erwin 160

Sellars, Roy Wood 5, 6
Smolin, Lee 114, 115, 160, 161, 162, 175, 177, 189, 191, 192, 195, 197, 199, 202, 206, 207, 209, 211, 213, 218, 219
Stahl, Georg Ernst 135

T

Tegmark, Max 117, 160, 199, 216
Tong, David 164

V

Vilenkin, Alexander 176, 194, 218
Vollmer, Gerhard 4, 7, 11, 12, 16
Voltaire, Francois-Marie Aronet 157
von Neumann, John 160

W

Watkins 151
Watkins, John 4, 119, 151, 152, 154
Wheeler, John Archibald 160, 184, 192

Springer

springer.com

Willkommen zu den Springer Alerts

Jetzt anmelden!

- Unser Neuerscheinungs-Service für Sie:
  aktuell *** kostenlos *** passgenau *** flexibel

Springer veröffentlicht mehr als 5.500 wissenschaftliche Bücher jährlich in gedruckter Form. Mehr als 2.200 englischsprachige Zeitschriften und mehr als 120.000 eBooks und Referenzwerke sind auf unserer Online Plattform SpringerLink verfügbar. Seit seiner Gründung 1842 arbeitet Springer weltweit mit den hervorragendsten und anerkanntesten Wissenschaftlern zusammen, eine Partnerschaft, die auf Offenheit und gegenseitigem Vertrauen beruht.

Die SpringerAlerts sind der beste Weg, um über Neuentwicklungen im eigenen Fachgebiet auf dem Laufenden zu sein. Sie sind der/die Erste, der/die über neu erschienene Bücher informiert ist oder das Inhaltsverzeichnis des neuesten Zeitschriftenheftes erhält. Unser Service ist kostenlos, schnell und vor allem flexibel. Passen Sie die SpringerAlerts genau an Ihre Interessen und Ihren Bedarf an, um nur diejenigen Information zu erhalten, die Sie wirklich benötigen.

Mehr Infos unter: springer.com/alert

Printed in Poland
by Amazon Fulfillment
Poland Sp. z o.o., Wrocław